U0803979

DL/T 477—2021

农村电网低压电气安全工作规程习题集

《农村电网低压电气安全工作规程习题集》编写组　编

中国电力出版社
CHINA ELECTRIC POWER PRESS

图书在版编目（CIP）数据

农村电网低压电气安全工作规程习题集/《农村电网低压电气安全工作规程习题集》编写组编. —北京：中国电力出版社，2022.10

ISBN 978-7-5198-7085-0

Ⅰ. ①农… Ⅱ. ①农… Ⅲ. ①农村配电－低压配电－电气安全－岗位培训－习题集 Ⅳ. ①TM727.1-44

中国版本图书馆 CIP 数据核字（2022）第 185146 号

出版发行：中国电力出版社
地　　址：北京市东城区北京站西街 19 号（邮政编码 100005）
网　　址：http://www.cepp.sgcc.com.cn
责任编辑：周秋慧（010-63412627）　王　南
责任校对：黄　蓓　朱丽芳
装帧设计：赵丽媛
责任印制：石　雷

印　　刷：三河市百盛印装有限公司
版　　次：2022 年 10 月第一版
印　　次：2022 年 10 月北京第一次印刷
开　　本：850 毫米×1168 毫米　32 开本
印　　张：4.875
字　　数：124 千字
印　　数：0001—1500 册
定　　价：30.00 元

前言

《农村电网低压电气安全工作规程》（DL/T 477—2021）规定了电力生产单位和在农村电网低压电气作业现场的工作人员应遵守的基本电气安全要求。

为帮助各级人员学习好、理解好和执行好《农村电网低压电气安全工作规程》（DL/T 477—2021），特编写《农村电网低压电气安全工作规程习题集》。本习题集由规程起草人之一王晴编写，采用“习题、参考答案”的编排方式，共编制155个单选题、96个多选题、134个填空题、88个判断题、69个问答题。同时，配套了习题集小程序，以方便读者更加灵活地学习使用。

本习题集适用于运用中的1000V及其以下农村电网低压电气设备及相关场所的作业人员，农村电网低压电气建设参考使用。

编　者

2022年6月

目录

一、单选题

1．低［电］压指用于配电的交流电力系统中（　　）及其以下的电压等级。

A．220V

B．400V

C．1000V

答案：C

见《农村电网低压电气安全工作规程》（DL/T 477—2021）3.1

2．经医师鉴定，工作人员无妨碍工作的病症［体格检查每（　　）年至少一次］。

A．两

B．三

C．五

答案：A

见《农村电网低压电气安全工作规程》（DL/T 477—2021）4.1.1

3．作业人员对本文件应每（　　）年考试一次。

A．半

B．一

C．两

答案：B

见《农村电网低压电气安全工作规程》（DL/T 477—2021）4.1.4

4．间断低压电气工作连续（　　）个月以上者恢复工作前，应重新学习本文件，并经考试合格。

A．两

B．三

C．六

答案：C

见《农村电网低压电气安全工作规程》（DL/T 477—2021）4.1.4

5．各单位应发布可（　　）工作的人员和范围。

A．单人

B．双人

C．多人

答案：A

见《农村电网低压电气安全工作规程》（DL/T 477—2021）4.1.6

6．任何人发现有违反本文件的情况，应（　　），经纠正后才能恢复作业。

A．通知本人

B．立即制止

C．暂停工作

答案：B

见《农村电网低压电气安全工作规程》（DL/T 477—2021）4.3.3

7．10kV 及以下（高压）交流线路、设备不停电时的安全距离是（　　）。

A．0.5m

B．0.7m

C．0.9m

答案：B

见《农村电网低压电气安全工作规程》（DL/T 477—2021）5.3.3

8．20、35kV 交流高压线路、设备不停电时的安全距离是（　　）。

A．0.7m

B．1.0m

C．1.5m

答案：B

见《农村电网低压电气安全工作规程》(DL/T 477—2021)5.3.3

9．66、110kV 交流高压线路、设备不停电时的安全距离是（　　）。

A．0.7m

B．1.0m

C．1.5m

答案：C

见《农村电网低压电气安全工作规程》(DL/T 477—2021)5.3.3

10．220kV 交流高压线路、设备不停电时的安全距离是（　　）。

A．1.5m

B．2.0m

C．3.0m

答案：C

见《农村电网低压电气安全工作规程》(DL/T 477—2021)5.3.3

11．330kV 交流高压线路、设备不停电时的安全距离是（　　）。

A．4.0m

B．5.0m

C．7.2m

答案：A

见《农村电网低压电气安全工作规程》(DL/T 477—2021)5.3.3

12．500kV 交流高压线路、设备不停电时的安全距离是（　　）。

A．4.0m

B．5.0m

C．7.2m

答案：B

见《农村电网低压电气安全工作规程》(DL/T 477—2021)5.3.3

13．750kV 交流高压线路、设备不停电时的安全距离是（　　）。

A．4.0m

B．5.0m

C．7.2m

答案：C

见《农村电网低压电气安全工作规程》（DL/T 477—2021）5.3.3

14．1000kV 交流高压线路、设备不停电时的安全距离是（　　）。

A．8.5m

B．8.7m

C．8.9m

答案：B

见《农村电网低压电气安全工作规程》（DL/T 477—2021）5.3.3

15．±50kV 直流高压线路、设备不停电时的安全距离是（　　）。

A．1.0m

B．1.5m

C．2.0m

答案：B

见《农村电网低压电气安全工作规程》（DL/T 477—2021）5.3.3

16．±400kV 直流高压线路、设备不停电时的安全距离是（　　）。

A．5.1m

B．5.5m

C．5.9m

答案：C

见《农村电网低压电气安全工作规程》（DL/T 477—2021）5.3.3

17．±500kV 直流高压线路、设备不停电时的安全距离是（　　）。

A．6.0m

B．7.0m

C．8.0m

答案：A

见《农村电网低压电气安全工作规程》（DL/T 477—2021）5.3.3

18．±660kV 直流高压线路、设备不停电时的安全距离是（　　）。

A．8.1m

B．8.4m

C．8.9m

答案：B

见《农村电网低压电气安全工作规程》（DL/T 477—2021）5.3.3

19．±800kV 直流高压线路、设备不停电时的安全距离是（　　）。

A．9.3m

B．9.5m

C．9.7m

答案：A

见《农村电网低压电气安全工作规程》（DL/T 477—2021）5.3.3

20．±1100kV 直流高压线路、设备不停电时的安全距离是（　　）。

A．14.2m

B．15.2m

C．16.2m

答案：C

见《农村电网低压电气安全工作规程》（DL/T 477—2021）5.3.3

21．工作票一份交工作负责人，另一份交工作票签发人或工作许可人。在工作期间，工作票应始终保留在（　　）处。

A．工作票签发人

B．工作许可人

C．工作负责人

答案：C

见《农村电网低压电气安全工作规程》（DL/T 477—2021）5.3.6b）

22．若一张工作票下设多个小组工作，每个小组应指定小组负责人（监护人），并办理（　　）。

A．工作任务单

B．工作票

C．书面记录

答案：A

见《农村电网低压电气安全工作规程》（DL/T 477—2021）5.3.6c）

23．工作任务单一式两份，由（　　）签发、许可，一份留存，一份交小组负责人执行。

A．工作票签发人

B．工作许可人

C．工作负责人

答案：C

见《农村电网低压电气安全工作规程》（DL/T 477—2021）5.3.6c）

24．小组工作结束后，由（　　）交回工作任务单，向工作负责人办理工作结束手续。

A．小组工作人员

B．小组负责人

C．工作许可人

答案：B

见《农村电网低压电气安全工作规程》（DL/T 477—2021）5.3.6c）

25．工作负责人、工作许可人任何一方不应擅自变更安全措施，工作中如有特殊情况需要变更时，应先取得对方及（　　）同意，变更情况记录在工作票的备注栏内。

A．工作票签发人

B．工作负责人

C．工作监护人

答案：A

见《农村电网低压电气安全工作规程》（DL/T 477—2021）5.3.6c）

26．第一种工作票需办理延期手续，应在有效时间尚未结束以前由工作负责人向（　　）提出申请，经同意后给予办理。

A．工作监护人

B．工作许可人

C．工作票签发人

答案：B

见《农村电网低压电气安全工作规程》（DL/T 477—2021）5.3.6d）

27．第二种工作票需办理延期手续，应在有效时间尚未结束以前由工作负责人向（　　）提出申请，经同意后给予办理。

A．工作监护人

B．工作许可人

C．工作票签发人

答案：C

见《农村电网低压电气安全工作规程》（DL/T 477—2021）5.3.6d）

28．已执行的工作票、工作任务单、书面记录和电子信息应保存（　　）。

A．半年

B．一年

C．两年

答案：B

见《农村电网低压电气安全工作规程》（DL/T 477—2021）5.3.6e）

29．工作票签发人应由熟悉人员技术水平、熟悉管辖范围内的设备情况、熟悉本文件，并具有相关工作经验，经（　　）批准的人员担任。

A．本供电公司

B．本单位

C．本工区（车间）

答案：B

见《农村电网低压电气安全工作规程》（DL/T 477—2021）5.3.7a）

30．工作负责人应由有本专业工作经验、熟悉本文件、熟悉工作班成员的工作能力、熟悉工作范围内的设备情况，经（　　）批准的人员担任。

A．本供电公司

B．本单位

C．本工区（车间）

答案：C

见《农村电网低压电气安全工作规程》（DL/T 477—2021）5.3.7b）

31．工作许可人应由熟悉农村电网低压电气网络接线方式、熟悉工作范围内的设备情况、熟悉本文件，经（　　）批准的人员担任。

A．本供电公司

B．本单位

C．本工区（车间）

答案：C

见《农村电网低压电气安全工作规程》（DL/T 477—2021）5.3.7c）

32．填用电气第一种工作票的工作，工作负责人下令开始工作前应得到（　　）的许可。

A．全部工作许可人

B．工作许可人

C．工作票签发人

答案：A

见《农村电网低压电气安全工作规程》（DL/T 477—2021）5.4.1

33．填用（　　）时，可不履行工作许可手续。如履行工作许可手续，工作负责人下令开始工作前应得到全部工作许可人的许可。

A．电气第一种工作票

B．电气第二种工作票

C．电气工作任务单

答案：B

见《农村电网低压电气安全工作规程》（DL/T 477—2021）5.4.2

34．工作许可后，任何人不应擅自变更有关检修线路和（　　）。

A．设备的名称

B．设备的编号

C．设备的运行方式

答案：C

见《农村电网低压电气安全工作规程》（DL/T 477—2021）5.4.5

35．低压线路、设备停电工作时，工作负责人在工作班成员确无触电等危险的情况下，可一起参加工作，但（　　）不应兼做其他工作。

A．专责监护人

B．工作负责人

C．工作许可人

答案：A

见《农村电网低压电气安全工作规程》（DL/T 477—2021）5.5.3

36．工作负责人如需临时离开现场，应指定（　　）临时代替。

A．专责监护人

B．工作许可人

C．能胜任的人员

答案：C

见《农村电网低压电气安全工作规程》（DL/T 477—2021）5.5.4

37．工作负责人需长时间离开现场，应办理工作负责人变更手续，变更工作负责人应经（　　）批准，并通知全体工作人员和工作许可人。

A．工作票签发人

B．工作许可人

C．专责监护人

答案：A

见《农村电网低压电气安全工作规程》（DL/T 477—2021）5.5.5

38．若专责监护人必须长时间离开工作现场，应由（　　）变更专责监护人。履行变更手续，并告知全体被监护人员。

A．工作票签发人

B．工作许可人

C．工作负责人

答案：C

见《农村电网低压电气安全工作规程》（DL/T 477—2021）5.5.6

39．完工后，工作负责人（包括专责监护人、小组负责人）应检查清理现场，确认线路或设备上没有遗留的工具、材料等，确认（　　）已从线路或设备上撤离后，再下令拆除工作地段所

装设的接地线等安全措施。

A．全部工作人员

B．工作人员

C．专责监护人

答案：A

见《农村电网低压电气安全工作规程》（DL/T 477—2021）5.7.1

40．工作终结后，工作负责人应及时报告（　　），报告方式分为当面报告、电话报告和电子信息报告。

A．专责监护人

B．工作许可人

C．工作票签发人

答案：B

见《农村电网低压电气安全工作规程》（DL/T 477—2021）5.7.2

41．（　　）的报告内容应包括工作负责人姓名、完工的线路/设备名称、线路区段、设备改动情况。

A．工作间断

B．工作许可

C．工作终结

答案：C

见《农村电网低压电气安全工作规程》（DL/T 477—2021）5.7.3

42．工作许可人接到（　　）的终结报告，在下令拆除各侧安全措施、恢复送电前，应确认全部工作已经完毕，所有工作人员已从线路/设备上撤离，接地线已全部拆除，并核对无误。

A．工作负责人

B．所有工作负责人

C．小组工作负责人

答案：B

见《农村电网低压电气安全工作规程》（DL/T 477—2021）5.7.4

43．室外使用的验电器宜具备（　　）。

A．声光功能

B．声响功能

C．灯光功能

答案：A

见《农村电网低压电气安全工作规程》（DL/T 477—2021）6.3.1

44．不应仅以设备分合位置的指示、电压表指示零位、电源指示灯熄灭、电动机不转动、电磁线圈无电磁响声及变压器无响声等（　　）现象变化作为判断设备已停电的依据。

A．单一

B．两种

C．三种

答案：A

见《农村电网低压电气安全工作规程》（DL/T 477—2021）6.3.2

45．成套接地线应使用有透明护套的多股软铜线和专用线夹组成，应满足装设地点短路电流的要求，其截面面积不应小于（　　）。

A．$10mm^2$

B．$16mm^2$

C．$25mm^2$

答案：B

见《农村电网低压电气安全工作规程》（DL/T 477—2021）6.4.5

46．接地线应配备（　　）。

A．锁紧装置

B．绝缘夹钳

C．绝缘杆或绝缘部件

答案：C

见《农村电网低压电气安全工作规程》（DL/T 477—2021）6.4.5

47．在无接地引下线的电杆装设接地线时，可采用临时接地

体。临时接地体的截面面积不应小于（　　）。

A．$180mm^2$

B．$190mm^2$

C．$200mm^2$

答案：B

见《农村电网低压电气安全工作规程》（DL/T 477—2021）6.4.6

48．临时接地体埋深不应小于（　　）。

A．0.6m

B．0.8m

C．1.0m

答案：A

见《农村电网低压电气安全工作规程》（DL/T 477—2021）6.4.6

49．人体不应同时接触（　　）线头。

A．一根

B．两根

C．三根

答案：B

见《农村电网低压电气安全工作规程》（DL/T 477—2021）7.1.4

50．高低压线路同杆架设，在带电低压线路上工作时，应先检查并保持与（　　）的距离。

A．高压导线

B．低压导线

C．横担

答案：A

见《农村电网低压电气安全工作规程》（DL/T 477—2021）7.3.2

51．高低压线路同杆架设，在带电低压线路上工作时，作业人员不应穿越未采取（　　）的低压带电导线。

A．安全措施

B．技术措施

C．绝缘措施

答案：C

见《农村电网低压电气安全工作规程》（DL/T 477—2021）7.3.2

52．（　　）巡线时，不应攀登电杆或配电变压器台架。

A．单人

B．双人

C．多人

答案：A

见《农村电网低压电气安全工作规程》（DL/T 477—2021）8.2.1

53．夜间巡线应沿线路（　　）进行。

A．上风侧

B．下风侧

C．外侧

答案：C

见《农村电网低压电气安全工作规程》（DL/T 477—2021）8.2.3

54．大风天气巡线应沿线路（　　）前进。

A．上风侧

B．下风侧

C．外侧

答案：A

见《农村电网低压电气安全工作规程》（DL/T 477—2021）8.2.3

55．操作票由（　　）填写。

A．操作人员

B．监护人员

C．值班负责人

答案：A

见《农村电网低压电气安全工作规程》（DL/T 477—2021）8.3.2

56．每份操作票只能用于一个（　　）。

A．操作项目

B．操作任务

C．操作编号

答案：B

见《农村电网低压电气安全工作规程》（DL/T 477—2021）8.3.2

57．（　　）时，不应进行就地电气操作和更换熔丝。

A．大雪

B．下雨

C．雷电

答案：C

见《农村电网低压电气安全工作规程》（DL/T 477—2021）8.3.6

58．直接接触设备的电气测量工作宜由（　　）进行。

A．一人

B．两人

C．多人

答案：B

见《农村电网低压电气安全工作规程》（DL/T 477—2021）8.4.1

59．（　　）测量工作，应在容量相对较小的开关上、熔丝的负荷侧进行。

A．电压

B．电流

C．剩余电流

答案：A

见《农村电网低压电气安全工作规程》（DL/T 477—2021）8.4.3

60．使用钳形电流表测量应防止（　　）。

A．中性点接地

B．单相接地

C．相间短路

答案：C

见《农村电网低压电气安全工作规程》（DL/T 477—2021）8.4.4

61．上树时，不应攀抓脆弱或枯死的树枝，并使用（　　）。

A．安全带

B．安全绳

C．脚扣

答案：A

见《农村电网低压电气安全工作规程》（DL/T 477—2021）8.5.2

62．绳索应有足够的（　　），以免拉绳的人员被倒落的树木砸伤，并防止砸伤行人。

A．完整度

B．强度

C．长度

答案：C

见《农村电网低压电气安全工作规程》（DL/T 477—2021）8.5.3

63．邻近或交叉10kV及以下交流电力线路作业的安全距离是（　　）。

A．0.5m

B．1.0m

C．2.0m

答案：B

见《农村电网低压电气安全工作规程》（DL/T 477—2021）8.5.4

64．邻近或交叉20、35kV交流电力线路作业的安全距离是（　　）。

A．1.5m

B．2.0m

C．2.5m

答案：C

见《农村电网低压电气安全工作规程》（DL/T 477—2021）8.5.4

65．邻近或交叉66、110kV交流电力线路作业的安全距离是（　　）。

A．3.0m

B．3.5m

C．4.0m

答案：A

见《农村电网低压电气安全工作规程》（DL/T 477—2021）8.5.4

66．邻近或交叉 220kV 交流电力线路作业的安全距离是（　　）。

A．3.0m

B．4.0m

C．5.0m

答案：B

见《农村电网低压电气安全工作规程》（DL/T 477—2021）8.5.4

67．邻近或交叉 330kV 交流电力线路作业的安全距离是（　　）。

A．4.0m

B．5.0m

C．6.0m

答案：B

见《农村电网低压电气安全工作规程》（DL/T 477—2021）8.5.4

68．邻近或交叉 500kV 交流电力线路作业的安全距离是（　　）。

A．4.0m

B．5.0m

C．6.0m

答案：C

见《农村电网低压电气安全工作规程》（DL/T 477—2021）8.5.4

69．邻近或交叉 750kV 交流电力线路作业的安全距离是（　　）。

A．7.0m

B．8.0m

C．9.0m

答案：C

见《农村电网低压电气安全工作规程》（DL/T 477—2021）8.5.4

70．邻近或交叉**1000kV**交流电力线路作业的安全距离是（　　）。

A．10.5m

B．11.5m

C．12.5m

答案：A

见《农村电网低压电气安全工作规程》（DL/T 477—2021）8.5.4

71．邻近或交叉±**50kV**直流电力线路作业的安全距离是（　　）。

A．1.0m

B．2.0m

C．3.0m

答案：C

见《农村电网低压电气安全工作规程》（DL/T 477—2021）8.5.4

72．邻近或交叉±**400kV**直流电力线路作业的安全距离是（　　）。

A．7.2m

B．8.2m

C．9.2m

答案：B

见《农村电网低压电气安全工作规程》（DL/T 477—2021）8.5.4

73．邻近或交叉±**500kV**直流电力线路作业的安全距离是（　　）。

A．7.8m

B．8.2m

C．9.0m

答案：A

见《农村电网低压电气安全工作规程》(DL/T 477—2021)8.5.4

74．邻近或交叉±660kV 直流电力线路作业的安全距离是（　　）。

A．8.0m

B．9.0m

C．10.0m

答案：C

见《农村电网低压电气安全工作规程》(DL/T 477—2021) 8.5.4

75．邻近或交叉±800kV 直流电力线路作业的安全距离是（　　）。

A．10.1m

B．11.1m

C．12.1m

答案：B

见《农村电网低压电气安全工作规程》(DL/T 477—2021)8.5.4

76．邻近或交叉±1100kV 直流电力线路作业的安全距离是（　　）。

A．16.0m

B．17.0m

C．18.0m

答案：C

见《农村电网低压电气安全工作规程》(DL/T 477—2021)8.5.4

77．风力超过（　　）时，不应砍剪高出或接近导线的树木。

A．4 级

B．5 级

C．6 级

答案：B

见《农村电网低压电气安全工作规程》(DL/T 477—2021)8.5.5

78．在超过（　　）深的基坑内作业时，向坑外抛掷土石应防止土石回落坑内，并做好临边防护措施。

A．1.0m

B．1.5m

C．2.0m

答案：B

见《农村电网低压电气安全工作规程》(DL/T 477—2021)9.2.2

79．在土质松软处挖坑，不应由（　　）掏挖土层。

A．上部

B．中部

C．下部

答案：C

见《农村电网低压电气安全工作规程》(DL/T 477—2021)9.2.3

80．在挖深超过（　　）坑内作业时应采取安全措施，如向坑中送风、检测易燃易爆及有毒气体含量、戴防毒面具等。

A．2.0m

B．2.5m

C．3.0m

答案：A

见《农村电网低压电气安全工作规程》(DL/T 477—2021)9.2.4

81．在石坑、冻土坑打眼或打桩时，打锤人应站在扶钎人（　　），不应戴手套。

A．前面

B．侧面

C．后面

答案：B

见《农村电网低压电气安全工作规程》(DL/T 477—2021)9.2.6

82．立、撤杆过程中，除指挥人及指定人员外，其他人员应

与电杆至少保持（　　）杆高的距离。

A．1.0 倍

B．1.2 倍

C．1.5 倍

答案：B

见《农村电网低压电气安全工作规程》（DL/T 477—2021）9.3.1

83．顶杆及叉杆只能用于竖立（　　）以下的拔梢杆，不应用铁锹、木桩等代用。

A．8m

B．9m

C．10m

答案：A

见《农村电网低压电气安全工作规程》（DL/T 477—2021）9.3.3

84．立杆前，应开好“马道”，作业人员应均匀分布在电杆（　　）。

A．前侧

B．后侧

C．两侧

答案：C

见《农村电网低压电气安全工作规程》（DL/T 477—2021）9.3.3

85．使用抱杆立、撤杆时，抱杆下部应固定牢固，顶部应设临时拉线控制，临时拉线应（　　）。

A．均匀调节

B．满足长度

C．满足强度

答案：A

见《农村电网低压电气安全工作规程》（DL/T 477—2021）9.3.6

86．一个锚桩上的临时拉线不应超过（　　）。

A．一根

B．两根

C．三根

答案：B

见《农村电网低压电气安全工作规程》（DL/T 477—2021）9.3.10

87．新立电杆在杆基未完全牢固或做好（　　）前，不应攀登。

A．临时拉绳

B．固定拉线

C．临时拉线

答案：C

见《农村电网低压电气安全工作规程》（DL/T 477—2021）9.4.1

88．登杆前，检查脚扣、升降板、（　　）、梯子和脚钉、爬梯等登高工具和设施是否完整牢固。

A．安全带

B．验电器

C．接地线

答案：A

见《农村电网低压电气安全工作规程》（DL/T 477—2021）9.4.2e）

89．（　　）时，不应在线路电杆上作业。

A．下雪

B．雷电

C．雨天

答案：B

见《农村电网低压电气安全工作规程》（DL/T 477—2021）9.4.5

90．放线、紧线和撤线工作应有专人指挥、统一（　　），并做到通信畅通、加强监护。

A．调度

B．部署

C．信号

答案：C

见《农村电网低压电气安全工作规程》(DL/T 477—2021)9.5.1

91．如遇导线有卡、挂住现象，应松线后处理。处理时操作人员应站在卡线处（　　），采用工具、大绳等撬、拉导线。

A．外侧

B．内侧

C．前端

答案：A

见《农村电网低压电气安全工作规程》(DL/T 477—2021)9.5.4

92．工作前应核对电缆标志牌的名称与（　　）所列相符，安全措施正确可靠。

A．操作票

B．工作票

C．电气工作任务单

答案：B

见《农村电网低压电气安全工作规程》（DL/T 477—2021）10.1.2

93．开启电缆井井盖、电缆沟盖板时应使用专用工具，开启后应设置（　　）围起。

A．围栏

B．固定围栏

C．标准围栏

答案：C

见《农村电网低压电气安全工作规程》（DL/T 477—2021）10.2.1

94．电缆开断前，应确认电缆无电，并可靠（　　）。

A．接地

B．短路

C．包扎

答案：A

见《农村电网低压电气安全工作规程》（DL/T 477—2021）10.2.7

95．电缆施工作业完成后应（　　）穿越过的孔洞。

A．隔离

B．堵住

C．封堵

答案：C

见《农村电网低压电气安全工作规程》（DL/T 477—2021）10.2.8

96．电能表与电流互感器配合安装时，应采取防止电流互感器二次侧（　　）的安全措施。

A．开路

B．短路

C．接地

答案：A

见《农村电网低压电气安全工作规程》（DL/T 477—2021）11.2.2

97．在带电线路电杆上工作，应在带电线路的（　　）。

A．右方

B．左方

C．下方

答案：C

见《农村电网低压电气安全工作规程》（DL/T 477—2021）12.2.1

98．风力大于（　　）时应停止带电线路电杆上的工作。

A．4级

B．5级

C．6级

答案：B

见《农村电网低压电气安全工作规程》（DL/T 477—2021）12.2.3

99．在带电线路杆塔上作业与10kV及以下交流带电线路及其他带电体的最小安全距离是（　　）。

A．0.5m

B．0.7m

C．0.9m

答案：B

见《农村电网低压电气安全工作规程》（DL/T 477—2021）12.4.1

100．在带电线路杆塔上作业与 20、35kV 交流带电线路及其他带电体的最小安全距离是（　　）。

A．1.0m

B．2.0m

C．3.0m

答案：A

见《农村电网低压电气安全工作规程》（DL/T 477—2021）12.4.1

101．在带电线路杆塔上作业与 66、110kV 交流带电线路及其他带电体的最小安全距离是（　　）。

A．1.0m

B．1.5m

C．2.0m

答案：B

见《农村电网低压电气安全工作规程》（DL/T 477—2021）12.4.1

102．在带电线路杆塔上作业与 220kV 交流带电线路及其他带电体的最小安全距离是（　　）。

A．3.0m

B．4.0m

C．5.0m

答案：A

见《农村电网低压电气安全工作规程》（DL/T 477—2021）12.4.1

103．在带电线路杆塔上作业与 330kV 交流带电线路及其他带电体的最小安全距离是（　　）。

A．4.0m

B．5.0m

C．6.0m

答案：A

见《农村电网低压电气安全工作规程》（DL/T 477—2021）12.4.1

104．在带电线路杆塔上作业与 500kV 交流带电线路及其他带电体的最小安全距离是（　　）。

A．4.0m

B．5.0m

C．6.0m

答案：B

见《农村电网低压电气安全工作规程》（DL/T 477—2021）12.4.1

105．在带电线路杆塔上作业与 750kV 交流带电线路及其他带电体的最小安全距离是（　　）。

A．6.0m

B．7.0m

C．8.0m

答案：C

见《农村电网低压电气安全工作规程》（DL/T 477—2021）12.4.1

106．在带电线路杆塔上作业与 1000kV 交流带电线路及其他带电体的最小安全距离是（　　）。

A．7.5m

B．8.5m

C．9.5m

答案：C

见《农村电网低压电气安全工作规程》（DL/T 477—2021）12.4.1

107．在带电线路杆塔上作业与±50kV 直流带电线路及其他带电体的最小安全距离是（　　）。

A．1.0m

B．1.5m

C．2.0m

答案：B

见《农村电网低压电气安全工作规程》(DL/T 477—2021)12.4.1

108. 在带电线路杆塔上作业与±400kV 直流带电线路及其他带电体的最小安全距离是( )。

A. 7.2m

B. 8.2m

C. 9.2m

答案:A

见《农村电网低压电气安全工作规程》(DL/T 477—2021)12.4.1

109. 在带电线路杆塔上作业与±500kV 直流带电线路及其他带电体的最小安全距离是( )。

A. 6.8m

B. 7.8m

C. 8.8m

答案:A

见《农村电网低压电气安全工作规程》(DL/T 477—2021)12.4.1

110. 在带电线路杆塔上作业与±660kV 直流带电线路及其他带电体的最小安全距离是( )。

A. 8.0m

B. 9.0m

C. 10.0m

答案:B

见《农村电网低压电气安全工作规程》(DL/T 477—2021)12.4.1

111. 在带电线路杆塔上作业与±800kV 直流带电线路及其他带电体的最小安全距离是( )。

A. 8.1m

B. 9.1m

C. 10.1m

答案:C

见《农村电网低压电气安全工作规程》(DL/T 477—2021)12.4.1

112．在带电线路杆塔上作业与±1100kV 直流带电线路及其他带电体的最小安全距离是（　　）。

A．16.0m

B．17.0m

C．18.0m

答案：B

见《农村电网低压电气安全工作规程》（DL/T 477—2021）12.4.1

113．低压线路的放、撤线不应在有同杆架设的（　　）线路带电情况下作业。

A．20kV 及以下

B．35kV 及以下

C．110kV 及以下

答案：A

见《农村电网低压电气安全工作规程》（DL/T 477—2021）12.4.4

114．检修动力电源箱的（　　）应加装剩余电流动作保护装置，并定期检查和试验。

A．分路开关

B．支路开关

C．总开关

答案：B

见《农村电网低压电气安全工作规程》（DL/T 477—2021）14.1.2

115．在坠落高度基准面（　　）及以上的高处进行的作业，应视作高处作业。

A．2.0m

B．2.5m

C．3.0m

答案：A

见《农村电网低压电气安全工作规程》（DL/T 477—2021）14.2.1

116．在没有脚手架或在没有栏杆的脚手架上工作，高度超过（　　）时，应使用安全带，或采取其他可靠的安全措施。

A．1.5m

B．2.0m

C．2.5m

答案：A

见《农村电网低压电气安全工作规程》（DL/T 477—2021）14.2.2

117．安全带的挂钩或绳子应挂在结实牢固的构件上，并应采用（　　）的方式。

A．低挂高用

B．高挂高用

C．高挂低用

答案：C

见《农村电网低压电气安全工作规程》（DL/T 477—2021）14.2.3

118．高处作业上下传递物件应用（　　）拴牢传递，不应上下抛掷。

A．绳索

B．钢芯铝绞线

C．接地线

答案：A

见《农村电网低压电气安全工作规程》（DL/T 477—2021）14.2.4

119．带电作业或邻近带电设备作业时，不应使用（　　）。

A．梯子

B．绝缘梯子

C．非绝缘的梯子

答案：C

见《农村电网低压电气安全工作规程》（DL/T 477—2021）14.2.6

120．在电力设备附近进行起重作业，起重机械臂架、吊具、辅具、钢丝绳及吊物等与1kV以下交流架空线路及其他带电体的

最小安全距离是（　　）。

A．0.5m

B．1.0m

C．1.5m

答案：C

见《农村电网低压电气安全工作规程》（DL/T 477—2021）14.3.2

121．在电力设备附近进行起重作业，起重机械臂架、吊具、辅具、钢丝绳及吊物等与 **1～20kV** 交流架空线路及其他带电体的最小安全距离是（　　）。

A．1.0m

B．2.0m

C．3.0m

答案：B

见《农村电网低压电气安全工作规程》（DL/T 477—2021）14.3.2

122．在电力设备附近进行起重作业，起重机械臂架、吊具、辅具、钢丝绳及吊物等与 **35～110kV** 交流架空线路及其他带电体的最小安全距离是（　　）。

A．3.0m

B．4.0m

C．5.0m

答案：B

见《农村电网低压电气安全工作规程》（DL/T 477—2021）14.3.2

123．在电力设备附近进行起重作业，起重机械臂架、吊具、辅具、钢丝绳及吊物等与 **220kV** 交流架空线路及其他带电体的最小安全距离是（　　）。

A．6.0m

B．7.0m

C．8.0m

答案：A

见《农村电网低压电气安全工作规程》（DL/T 477—2021）14.3.2

124. 在电力设备附近进行起重作业，起重机械臂架、吊具、辅具、钢丝绳及吊物等与 **330kV** 交流架空线路及其他带电体的最小安全距离是（　　）。

A. 6.0m

B. 7.0m

C. 8.0m

答案：B

见《农村电网低压电气安全工作规程》（DL/T 477—2021）14.3.2

125. 在电力设备附近进行起重作业，起重机械臂架、吊具、辅具、钢丝绳及吊物等与 **500kV** 交流架空线路及其他带电体的最小安全距离是（　　）。

A. 6.5m

B. 7.5m

C. 8.5m

答案：C

见《农村电网低压电气安全工作规程》（DL/T 477—2021）14.3.2

126. 在电力设备附近进行起重作业，起重机械臂架、吊具、辅具、钢丝绳及吊物等与 **750kV** 交流架空线路及其他带电体的最小安全距离是（　　）。

A. 10.0m

B. 11.0m

C. 12.0m

答案：B

见《农村电网低压电气安全工作规程》（DL/T 477—2021）14.3.2

127. 在电力设备附近进行起重作业，起重机械臂架、吊具、辅具、钢丝绳及吊物等与 **1000kV** 交流架空线路及其他带电体的最小安全距离是（　　）。

A. 13.0m

B．14.0m

C．15.0m

答案：A

见《农村电网低压电气安全工作规程》（DL/T 477—2021）14.3.2

128．在电力设备附近进行起重作业，起重机械臂架、吊具、辅具、钢丝绳及吊物等与±50kV直流架空线路及其他带电体的最小安全距离是（　　）。

A．4.0m

B．5.0m

C．6.0m

答案：B

见《农村电网低压电气安全工作规程》（DL/T 477—2021）14.3.2

129．在电力设备附近进行起重作业，起重机械臂架、吊具、辅具、钢丝绳及吊物等与±400kV直流架空线路及其他带电体的最小安全距离是（　　）。

A．7.7m

B．8.7m

C．9.7m

答案：C

见《农村电网低压电气安全工作规程》（DL/T 477—2021）14.3.2

130．在电力设备附近进行起重作业，起重机械臂架、吊具、辅具、钢丝绳及吊物等与±500kV直流架空线路及其他带电体的最小安全距离是（　　）。

A．9.0m

B．10.0m

C．11.0m

答案：B

见《农村电网低压电气安全工作规程》（DL/T 477—2021）14.3.2

131．在电力设备附近进行起重作业，起重机械臂架、吊具、辅具、钢丝绳及吊物等与±660kV 直流架空线路及其他带电体的最小安全距离是（　　）。

A．10.0m

B．11.0m

C．12.0m

答案：C

见《农村电网低压电气安全工作规程》（DL/T 477—2021）14.3.2

132．在电力设备附近进行起重作业，起重机械臂架、吊具、辅具、钢丝绳及吊物等与±800kV 直流架空线路及其他带电体的最小安全距离是（　　）。

A．13.1m

B．14.1m

C．15.1m

答案：A

见《农村电网低压电气安全工作规程》（DL/T 477—2021）14.3.2

133．在电力设备附近进行起重作业，起重机械臂架、吊具、辅具、钢丝绳及吊物等与±1100kV 直流架空线路及其他带电体的最小安全距离是（　　）。

A．18.0m

B．19.0m

C．20.0m

答案：C

见《农村电网低压电气安全工作规程》（DL/T 477—2021）14.3.2

134．装运超长、超高或重大物件时，物件重心应与车厢承重中心基本一致，超长物件尾部应设（　　）。

A．标志

B．标示牌

C．信号灯

答案：A

见《农村电网低压电气安全工作规程》（DL/T 477—2021）14.3.3

135．风力达（　　）以上的露天作业不应动火。

A．4 级

B．5 级

C．6 级

答案：B

见《农村电网低压电气安全工作规程》（DL/T 477—2021）14.4.2c）

136．施工机具的转动和传动部分应保持（　　）。

A．圆滑

B．光滑

C．润滑

答案：C

见《农村电网低压电气安全工作规程》（DL/T 477—2021）14.5.1

137．绝缘棒的测试周期是（　　）。

A．6 个月

B．1 年

C．2 年

答案：B

见《农村电网低压电气安全工作规程》（DL/T 477—2021）附录 F

138．绝缘手套的测试周期是（　　）。

A．6 个月

B．1 年

C．2 年

答案：A

见《农村电网低压电气安全工作规程》（DL/T 477—2021）附录 F

139．绝缘胶垫的测试周期是（　　）。

A．6 个月

B．1年

C．2年

答案：B

见《农村电网低压电气安全工作规程》（DL/T 477—2021）附录F

140．验电器的测试周期是（　　）。

A．6个月

B．1年

C．2年

答案：B

见《农村电网低压电气安全工作规程》（DL/T 477—2021）附录F

141．测电笔的测试周期是（　　）。

A．6个月

B．1年

C．2年

答案：B

见《农村电网低压电气安全工作规程》（DL/T 477—2021）附录F

142．测电笔的试验项目要求是（　　）。

A．起辉电压为40～80V

B．起辉电压为50～80V

C．起辉电压为50～90V

答案：C

见《农村电网低压电气安全工作规程》（DL/T 477—2021）附录F

143．接地线的测试周期是（　　）。

A．4年

B．5年

C．6年

答案：B

见《农村电网低压电气安全工作规程》（DL/T 477—2021）附录F

144．成组直流电阻试验中，截面面积为 16mm^2 的接地线，平均每米的电阻值应小于（　　）。

A．0.56MΩ

B．0.79MΩ

C．1.24MΩ

答案：C

见《农村电网低压电气安全工作规程》（DL/T 477—2021）附录 F

145．成组直流电阻试验中，截面面积为 25mm^2 的接地线，平均每米的电阻值应小于（　　）。

A．0.56MΩ

B．0.79MΩ

C．1.24MΩ

答案：B

见《农村电网低压电气安全工作规程》（DL/T 477—2021）附录 F

146．成组直流电阻试验中，截面面积为 35mm^2 的接地线，平均每米的电阻值小于（　　）。

A．0.56MΩ

B．0.79MΩ

C．1.24MΩ

答案：A

见《农村电网低压电气安全工作规程》（DL/T 477—2021）附录 F

147．坠落悬挂安全带静负荷试验周期是（　　）。

A．6 个月

B．1 年

C．2 年

答案：B

见《农村电网低压电气安全工作规程》（DL/T 477—2021）附录 G

148．围杆作业安全带静负荷试验周期是（　　）。

A．1 年

B．2 年

C．3 年

答案：A

见《农村电网低压电气安全工作规程》（DL/T 477—2021）附录 G

149．区域限制安全带静负荷试验周期是（　　）。

A．6 个月

B．1 年

C．2 年

答案：B

见《农村电网低压电气安全工作规程》（DL/T 477—2021）附录 G

150．安全带的安全绳静负荷试验周期是（　　）。

A．1 年

B．2 年

C．3 年

答案：A

见《农村电网低压电气安全工作规程》（DL/T 477—2021）附录 G

151．脚扣静负荷试验周期是（　　）。

A．半年

B．1 年

C．2 年

答案：B

见《农村电网低压电气安全工作规程》（DL/T 477—2021）附录 G

152．脚扣扣带强力试验周期是（　　）。

A．半年

B．1 年

C．2 年

答案：B

见《农村电网低压电气安全工作规程》（DL/T 477—2021）附录 G

153．登高板静负荷试验周期是（　　）。

A．半年

B．1 年

C．2 年

答案：A

见《农村电网低压电气安全工作规程》（DL/T 477—2021）附录 G

154．竹梯静负荷试验周期是（　　）。

A．半年

B．1 年

C．2 年

答案：A

见《农村电网低压电气安全工作规程》（DL/T 477—2021）附录 G

155．木梯静负荷试验周期是（　　）。

A．半年

B．1 年

C．2 年

答案：A

见《农村电网低压电气安全工作规程》（DL/T 477—2021）附录 G

二、多选题

1．具备必要的（　　）和技能，从事电气作业的人员应掌握触电急救等紧急救护法。

A．安全知识

B．生产知识

C．业务技能

D．工作经验

答案：AB

见《农村电网低压电气安全工作规程》（DL/T 477—2021）4.1.2

2．具备必要的（　　），熟悉管辖的电气设备，按工作性质熟悉本文件的有关部分。

A．安全知识

B．生产知识

C．电气知识

D．业务技能

答案：CD

见《农村电网低压电气安全工作规程》（DL/T 477—2021）4.1.3

3．（　　）和临时参加劳动的人员（管理人员、非全日制用工等）进入现场参加指定工作前，应经过安全知识教育。上述人员不应单独工作。

A．工程技术人员

B．新参加电气工作的人员

C．实习人员

D．管理人员

答案：BC

见《农村电网低压电气安全工作规程》（DL/T 477—2021）4.1.5

4．进入作业现场应正确佩戴安全帽，现场作业人员还应穿（　　）。

A．全棉长袖工作服

B．工作服

C．绝缘靴

D．绝缘鞋

答案：AD

见《农村电网低压电气安全工作规程》（DL/T 477—2021）4.1.7

5．作业现场的生产条件、安全设施、作业机具和安全工器具等应符合国家及行业标准规定的要求，（　　）在使用前应确认合格、齐备。

A．作业机具

B．安全工器具

C．安全设施

D．劳动防护用品

答案：BD

见《农村电网低压电气安全工作规程》（DL/T 477—2021）4.2.1

6．经常有人工作的（　　）宜配备急救箱、存放急救用品，并指定专人检查、补充或更换。

A．场所

B．办公室

C．值班室

D．施工车辆上

答案：AD

见《农村电网低压电气安全工作规程》（DL/T 477—2021）4.2.2

7．作业人员应被告知作业现场和工作岗位存在的（　　）。

A．具体情况

B．危险因素

C．防范措施

D．事故应急措施

答案：BCD

见《农村电网低压电气安全工作规程》（DL/T 477—2021）4.3.2

8．作业人员有权拒绝违章指挥和强令冒险的作业；在发现直接危及（　　）的紧急情况时，有权停止作业或在采取可能的紧急措施后撤离作业场所，并立即报告。

A．人身安全

B．电网安全

C．设备安全

D．通信安全

答案：ABC

见《农村电网低压电气安全工作规程》（DL/T 477—2021）4.3.4

9．在采用（　　）或使用新设备时，应了解、掌握其安全技术特性，采取有效的安全防护措施，并对作业人员进行专门的安全生产教育和培训。

A．新能源

B．新工艺

C．新技术

D．新材料

答案：BCD

见《农村电网低压电气安全工作规程》（DL/T 477—2021）4.3.5

10．需高压线路、设备采取安全措施的工作应按照（　　）的有关规定执行。

A．国家

B．行业

C．企业

D．单位

答案：AB

见《农村电网低压电气安全工作规程》（DL/T 477—2021）4.3.6

11．（　　）应进行现场勘察。

A．架设线路

B．撤除线路

C．拆除鸟窝

D．更换标示牌

答案：AB

见《农村电网低压电气安全工作规程》（DL/T 477—2021）5.2.1

12．跨越（　　）的线路作业应进行现场勘察。

A．农田

B．铁路

C．公路

D．河流

答案：BCD

见《农村电网低压电气安全工作规程》（DL/T 477—2021）5.2.1

13．工作地段有（　　）的高压电力线路的作业，应进行现场勘察。

A．邻近

B．交叉

C．穿越

D．平行

答案：ABCD

见《农村电网低压电气安全工作规程》（DL/T 477—2021）5.2.1

14．不使用工作票的书面记录应包括（　　）等。

A．作业指导书（卡）

B．派车单

C．任务单

D．工作记录

答案：ACD

见《农村电网低压电气安全工作规程》（DL/T 477—2021）5.3.5b）

15．电子信息包括使用电子邮件、短信、即时通信等方式传递的数字化的（　　）等信息。

A．文字

B．图像

C．音频

D．视频

答案：ABCD

见《农村电网低压电气安全工作规程》（DL/T 477—2021）5.3.5c）

16．按口头、电话命令的应留有（　　）。

A．录音

B．录像

C．书面记录

D．图片

答案：AC

见《农村电网低压电气安全工作规程》（DL/T 477—2021）5.3.5d）

17．不需要高压线路、设备配合停电的（　　）的数条低压线路、数个低压设备工作，可填用一张工作票。

A．相同类型

B．相同地段

C．相同设备

D．相同安全措施

答案：AD

见《农村电网低压电气安全工作规程》（DL/T 477—2021）5.3.6a）

18．填写工作票时，如有个别（　　）需要修改，应使用规

范的符号，字迹应清楚。

A．错句

B．错字

C．漏字

D．漏句

答案：BC

见《农村电网低压电气安全工作规程》（DL/T 477—2021）5.3.6a）

19．工作票应使用计算机生成或打印，或使用黑色/蓝色的钢（水）笔、圆珠笔手工填写，内容应（　　）。

A．正确

B．清楚

C．标准

D．不应随意涂改

答案：ABD

见《农村电网低压电气安全工作规程》（DL/T 477—2021）5.3.6a）

20．工作任务单应写明工作任务、（　　）等。

A．停电范围

B．勘查记录

C．工作地段的起止杆号

D．安全措施

答案：ACD

见《农村电网低压电气安全工作规程》（DL/T 477—2021）5.3.6c）

21．工作前工作负责人向工作班全体成员（　　），并确保每个工作班成员都已确认。

A．召开开工会

B．告知危险点

C．交待工作任务

D．交待安全措施

答案：BCD

见《农村电网低压电气安全工作规程》（DL/T 477—2021）5.3.8b）

22．工作许可人确认由其负责的（　　）的命令正确。

A．停电

B．送电

C．许可工作

D．装设遮栏

答案：ABC

见《农村电网低压电气安全工作规程》（DL/T 477—2021）5.3.8c）

23．工作前专责监护人对被监护人员（　　）。

A．交待工作任务

B．交待安全措施

C．告知危险点

D．告知安全注意事项

答案：BCD

见《农村电网低压电气安全工作规程》（DL/T 477—2021）5.3.8d）

24．工作班成员遵守（　　），执行安全规程和实施现场安全措施，对自己在工作中的行为负责。

A．安全规章制度

B．技术规程

C．劳动纪律

D．管理制度

答案：ABC

见《农村电网低压电气安全工作规程》（DL/T 477—2021）5.3.8e）

25．工作负责人应向工作班成员交待（　　），工作班成员应履行确认手续。

A．工作内容

B．现场安全措施

C．带电部位

D．其他注意事项

答案：ABCD

见《农村电网低压电气安全工作规程》（DL/T 477—2021）5.4.6

26．工作票签发人或工作负责人，应根据现场的（　　）等具体情况，增设专责监护人、确定被监护的人员。

A．安全条件

B．人员数量

C．施工范围

D．工作需要

答案：ACD

见《农村电网低压电气安全工作规程》（DL/T 477—2021）5.5.1

27．工作期间，（　　）应始终在工作现场，对工作班成员进行监护。

A．工作许可人

B．工作负责人

C．专责监护人

D．工作票签发人

答案：BC

见《农村电网低压电气安全工作规程》（DL/T 477—2021）5.5.2

28．填用数日内有效的电气第一种工作票，每日收工时若将工作地点所装的接地线拆除，次日恢复工作前应重新（　　）。

A．验电

B．接地

C．装设围栏

D．悬挂标示牌

答案：AB

见《农村电网低压电气安全工作规程》（DL/T 477—2021）5.6.3

29．完工后，（　　）应检查清理现场，确认线路或设备上没有遗留的工具、材料等，确认全部工作人员已从线路或设备上撤离后，再下令拆除工作地段所装设的接地线等安全措施。

A．工作许可人

B．工作负责人

C．专责监护人

D．小组负责人

答案：BCD

见《农村电网低压电气安全工作规程》（DL/T 477—2021）5.7.1

30．工作终结后，工作负责人应及时报告工作许可人，报告方式分为（　　）。

A．当面报告

B．电话报告

C．电子信息报告

D．书面报告

答案：ABC

见《农村电网低压电气安全工作规程》（DL/T 477—2021）5.7.2

31．工作终结的报告内容应包括（　　）。

A．工作负责人姓名

B．完工的线路/设备名称

C．线路区段

D．设备改动情况

答案：ABCD

见《农村电网低压电气安全工作规程》（DL/T 477—2021）5.7.3

32．在线路、设备上工作，应有（　　）等保证安全的技术措施。

A．停电

B．验电

C．接地

D．悬挂标示牌

答案：ABCD

见《农村电网低压电气安全工作规程》（DL/T 477—2021）6.1.1

33．经验明停电线路或设备各端确无电压后，应立即装设接地线并（　　）短路接地。

A．U 相

B．V 相

C．W 相

D．N

答案：ABCD

见《农村电网低压电气安全工作规程》（DL/T 477—2021）6.4.1

34．无法接地时，可采取（　　）的安全措施。

A．绝缘包裹

B．绝缘遮蔽

C．断开点加锁悬挂标示牌

D．派人看守

答案：ABCD

见《农村电网低压电气安全工作规程》（DL/T 477—2021）6.4.3

35．成套接地线应使用（　　）组成，应满足装设地点短路电流的要求。

A．有透明护套的多股软铜线

B．提环

C．专用线夹

D．挂钩

答案：AC
见《农村电网低压电气安全工作规程》（DL/T 477—2021）6.4.5

36.（　　）接地前应逐相充分放电。

A．电力线路
B．开关
C．电缆
D．电容器

答案：CD
见《农村电网低压电气安全工作规程》（DL/T 477—2021）6.4.7

37.（　　）不应擅自移动已装设好的接地线。

A．工作人员
B．工作负责人
C．专责监护人
D．工作许可人

答案：ABCD
见《农村电网低压电气安全工作规程》（DL/T 477—2021）6.4.8

38.（　　）应采取绝缘包裹等遮蔽措施。

A．拆开的引线
B．断开的线头
C．取下的熔断器
D．断开的刀开关

答案：AB
见《农村电网低压电气安全工作规程》（DL/T 477—2021）6.4.9

39. 低压带电作业时，作业人员应（　　）。

A．穿绝缘靴
B．戴手套
C．戴护目镜
D．站在干燥的绝缘物上

答案：BCD

见《农村电网低压电气安全工作规程》（DL/T 477—2021）7.1.3

40．低压带电作业应使用有绝缘柄的工具，不应使用（　　）等工具。

A．锉刀

B．金属尺

C．带有金属物的毛刷

D．带有金属物的毛掸

答案：ABCD

见《农村电网低压电气安全工作规程》（DL/T 477—2021）7.1.5

41．带电断开低压配电盘或接线箱中的（　　）的电压回路时，应采取防止短路或接地的措施。

A．电压表

B．电流表

C．温度表

D．电能表

答案：AD

见《农村电网低压电气安全工作规程》（DL/T 477—2021）7.2.2

42．恶劣气象条件下和故障巡线时，应配备必要的（　　）。

A．安全工器具

B．防护用具

C．自救器具

D．药品

答案：BCD

见《农村电网低压电气安全工作规程》（DL/T 477—2021）8.2.2

43．特殊巡线应注意选择路线，防止（　　）等对人的伤害。

A．洪水

B．塌方

C．高温

D．恶劣气象条件

答案：ABD

见《农村电网低压电气安全工作规程》（DL/T 477—2021）8.2.3

44. 操作前应检查核对现场设备的（　　）。

A. 名称

B. 编号

C. 相序

D. 状态

答案：ABD

见《农村电网低压电气安全工作规程》（DL/T 477—2021）8.3.3

45. 测量人员应了解测量仪表的（　　），熟悉测量工作的安全措施及注意事项。

A. 原理

B. 性能

C. 使用方法

D. 正确接线

答案：BCD

见《农村电网低压电气安全工作规程》（DL/T 477—2021）8.4.1

46. 测量设备绝缘电阻前，应（　　）。

A. 将被测量设备各侧断开

B. 验明无电压

C. 确认设备上无人

D. 检查接线正确

答案：ABC

见《农村电网低压电气安全工作规程》（DL/T 477—2021）8.4.5

47. 砍剪邻近带电线路的树木时，工作负责人在工作前，应向全体工作人员说明（　　）。

A. 线路有电

B. 不应攀登电杆

C. 树木不应接触导线

D．绳索不应接触导线

答案：ABCD

见《农村电网低压电气安全工作规程》（DL/T 477—2021）8.5.1

48．（　　）作业时，应采取防止落物伤人的措施。

A．平行

B．垂直

C．交叉

D．临近

答案：BC

见《农村电网低压电气安全工作规程》（DL/T 477—2021）9.1.2

49．挖坑前，应确认（　　）等设施的确切位置，并做好防护措施。

A．地下管道

B．自来水管道

C．天然气管道

D．电缆

答案：AD

见《农村电网低压电气安全工作规程》（DL/T 477—2021）9.2.1

50．在挖深超过2m坑内作业时应采取安全措施，如（　　）等。

A．向坑中送风

B．检测易燃易爆气体含量

C．检测有毒气体含量

D．戴防毒面具

答案：ABCD

见《农村电网低压电气安全工作规程》（DL/T 477—2021）9.2.4

51．在居民区及交通道路附近开挖的基坑，应（　　）。

A．设坑盖或可靠遮栏

B．加挂警告标示

C．派人看守

D．设临时遮栏

答案：AB

见《农村电网低压电气安全工作规程》（DL/T 477—2021）9.2.5

52．在石坑、冻土坑打眼或打桩时，打锤人应站在扶钎人侧面，不应戴手套；扶钎人应（　　）。

A．穿绝缘鞋

B．戴口罩

C．戴手套

D．戴其他护具

答案：CD

见《农村电网低压电气安全工作规程》（DL/T 477—2021）9.2.6

53．立、撤杆应设专人统一指挥。开工前，应交待（　　）。

A．施工方法

B．指挥信号

C．人员分工

D．安全措施

答案：ABD

见《农村电网低压电气安全工作规程》（DL/T 477—2021）9.3.1

54．利用已有电杆立、撤杆，应先检查（　　），必要时增设临时拉线或其他补强措施。

A．电杆的长度

B．电杆根部

C．拉线强度

D．电杆的强度

答案：BCD

见《农村电网低压电气安全工作规程》（DL/T 477—2021）9.3.4

55．立、撤杆过程中，（　　）不应有人。

A．吊件垂直下方

B．吊件侧面

C．吊车周围

D．受力钢丝绳的内角侧

答案：AD

见《农村电网低压电气安全工作规程》（DL/T 477—2021）9.3.5

56．在撤杆工作中，拆除杆上导线前应先检查（　　）。

A．拉绳

B．杆根

C．拉线

D．横担

答案：BC

见《农村电网低压电气安全工作规程》（DL/T 477—2021）9.3.8

57．登杆前，应检查（　　）牢固。

A．杆根

B．杆身

C．基础

D．拉线

答案：ABCD

见《农村电网低压电气安全工作规程》（DL/T 477—2021）9.4.2b）

58．攀登有（　　）的电杆，应采取防滑措施。

A．覆冰

B．积雪

C．积霜

D．雨水

答案：ABCD

见《农村电网低压电气安全工作规程》（DL/T 477—2021）9.4.3

59．（　　）工作应有专人指挥、统一信号，并做到通信畅通、加强监护。

A．放线

B．紧线

C．撤线

D．巡线

答案：ABC

见《农村电网低压电气安全工作规程》（DL/T 477—2021）9.5.1

60．交叉跨越线路、铁路、公路、河流等放、撤线前，应采取（　　）等安全措施。

A．搭设跨越架

B．封山

C．封路

D．封航

答案：ACD

见《农村电网低压电气安全工作规程》（DL/T 477—2021）9.5.2

61．放线前，应检查导线与牵引绳可靠连接，线盘架应（　　），并派专人负责看守线盘。

A．规范标准

B．安放稳固

C．转动灵活

D．制动可靠

答案：BCD

见《农村电网低压电气安全工作规程》（DL/T 477—2021）9.5.3

62．紧线时，应检查接线管或接线头以及过（　　）等处无卡住现象。

A．滑轮

B．横担

C．树枝

D．房屋

答案：ABCD

见《农村电网低压电气安全工作规程》（DL/T 477—2021）9.5.4

63．紧线、撤线前，应检查（　　）正确、牢固。必要时，应加固桩锚或增设临时拉线。

A．拉线

B．桩锚

C．标示牌

D．电杆位置

答案：ABD

见《农村电网低压电气安全工作规程》（DL/T 477—2021）9.5.5

64．进入电缆井前，应先用通风机排除浊气，再用气体检测仪检查井内的（　　）含量是否超标。

A．易燃气体

B．易爆气体

C．有毒气体

D．SF_6气体

答案：ABC

见《农村电网低压电气安全工作规程》（DL/T 477—2021）10.2.2

65．在带电线路电杆上的工作，作业人员（　　）等不应触及带电导线。

A．绝缘遮蔽

B．活动范围

C．携带的工具

D．携带的材料

答案：BCD

见《农村电网低压电气安全工作规程》（DL/T 477—2021）12.2.2

66．接入配电网的分布式电源，并网点应装设（　　）的开断设备。

A．具有开断指示

B．具有明显断开点

C．具备开断故障电流能力

D．具备接地保护

答案：AC

见《农村电网低压电气安全工作规程》（DL/T 477—2021）13.1.1

67．变流器类型分布式电源的并网专用开断设备还应具有（　　）功能。

A．接地跳闸

B．失压跳闸

C．有压合闸

D．失压合闸

答案：BC

见《农村电网低压电气安全工作规程》（DL/T 477—2021）13.1.1

68．检修动力电源箱的支路开关应加装剩余电流动作保护装置，并定期（　　）

A．检查

B．试验

C．测量

D．切换

答案：AB

见《农村电网低压电气安全工作规程》（DL/T 477—2021）14.1.2

69．在（　　）作业时，工作场所周围应装设遮栏，并在相应部位装设交通警示牌。

A．城区

B．人口密集区

C．田间地头

D．通行道路上或交通道口

答案：ABD

见《农村电网低压电气安全工作规程》（DL/T 477—2021）14.1.3

70．在起吊、牵引过程中，受力钢丝绳的（　　），以及起吊物和吊臂的下面，不应有人逗留或通过。

A．周围

B．上方

C．下方

D．内角侧

答案：ABCD

见《农村电网低压电气安全工作规程》（DL/T 477—2021）14.3.1

71．装运（　　）应用绳索绑扎牢固，混凝土杆、线盘应塞牢，防止滚动或移动。

A．开关

B．电杆

C．变压器

D．线盘

答案：BCD

见《农村电网低压电气安全工作规程》（DL/T 477—2021）14.3.3

72．遇有（　　）情况，不应动火。

A．压力容器或管道未泄压前

B．风力达5级以上的露天作业

C．喷漆现场

D．存放易燃易爆物品的容器已经清洗干净

答案：ABC

见《农村电网低压电气安全工作规程》（DL/T 477—2021）14.4.2

73．施工机具应定期（　　）。

A．试验

B．检查

C．维护

D．保养

答案：BCD

见《农村电网低压电气安全工作规程》（DL/T 477—2021）14.5.1

74．安全工器具应定期（　　）。

A．试验

B．检查

C．维护

D．保养

答案：ABCD

见《农村电网低压电气安全工作规程》（DL/T 477—2021）14.5.1

75．绝缘工具在储存、运输时不应与（　　）接触，并防止阳光直射或雨淋。

A．酸

B．碱

C．油类

D．化学药品

答案：ABCD

见《农村电网低压电气安全工作规程》（DL/T 477—2021）14.5.2

76．安全工器具使用前，应检查绝缘部分有无（　　）。

A．裂纹

B．老化

C．绝缘层脱落

D．严重伤痕

答案：ABCD

见《农村电网低压电气安全工作规程》（DL/T 477—2021）14.5.3

77．安全工器具应经过国家规定的（　　），并做好记录。

A．型式试验

B．静力试验

C．出厂试验

D．使用中的预防性试验

答案：ACD

见《农村电网低压电气安全工作规程》（DL/T 477—2021）14.5.4

78．（　　）安全工器具应进行预防性试验。

A．规程要求试验的

B．新购置和自制的

C．检修后或关键零部件已更换的

D．存在质量问题的同批次

答案：ABCD

见《农村电网低压电气安全工作规程》（DL/T 477—2021）14.5.5

79.《现场勘察记录》中勘察的线路名称或设备双重名称栏中对于多回线路或设备应注明（　　）。

A．设备名称

B．设备编号

C．设备方位

D．设备相序

答案：ABC

见《农村电网低压电气安全工作规程》（DL/T 477—2021）附录 A

80.《现场勘察记录》中应填写的内容包括（　　）。

A．勘察单位

B．专责监护人

C．勘察负责人

D．勘察人员

答案：ACD

见《农村电网低压电气安全工作规程》（DL/T 477—2021）附录 A

81.《电气第一种工作票》中填写的工作班成员不包括（　　）。

A．小组负责人

B．工作负责人

C．工作许可人

D．工作票签发人

答案：BCD

见《农村电网低压电气安全工作规程》（DL/T 477—2021）附录 B

82.《电气第一种工作票》中工作地点或地段应注明（　　）。

A．线路及分线路名称

B．线路及支线路名称

C．线路相序

D．线路的起止杆号

答案：ABD

见《农村电网低压电气安全工作规程》（DL/T 477—2021）附录B

83．绝缘棒的试验项目要求是（　　）。

A．工频耐压2.5kV

B．工频耐压3.5kV

C．持续时间1min

D．持续时间5min

答案：AC

见《农村电网低压电气安全工作规程》（DL/T 477—2021）附录F

84．绝缘手套的试验项目要求是（　　）。

A．工频耐压2.5kV

B．工频耐压3.5kV

C．持续时间1min

D．泄漏电流不应大于2.5mA

答案：ACD

见《农村电网低压电气安全工作规程》（DL/T 477—2021）附录F

85．绝缘胶垫的试验项目要求是（　　）。

A．工频耐压2.5kV

B．工频耐压3.5kV

C．持续时间1min

D．持续时间5min

答案：BC

见《农村电网低压电气安全工作规程》（DL/T 477—2021）附录F

86．接地线的截面面积为（　　）。

A．$16mm^2$

B．$25mm^2$

C．35mm^2

D．50mm^2

答案：ABC

见《农村电网低压电气安全工作规程》（DL/T 477—2021）附录 F

87．坠落悬挂安全带静负荷试验要求是（　　）。

A．施加 3300N 静拉力

B．施加 1200N 静拉力

C．持续时间 1min

D．持续时间 5min

答案：AD

见《农村电网低压电气安全工作规程》（DL/T 477—2021）附录 G

88．围杆作业安全带静负荷试验要求是（　　）。

A．施加 3300N 静拉力

B．施加 2205N 静拉力

C．持续时间 1min

D．持续时间 5min

答案：BD

见《农村电网低压电气安全工作规程》（DL/T 477—2021）附录 G

89．区域限制安全带静负荷试验要求是（　　）。

A．施加 3300N 静拉力

B．施加 1200N 静拉力

C．持续时间 5min

D．持续时间 1min

答案：BC

见《农村电网低压电气安全工作规程》（DL/T 477—2021）附录 G

90．安全带的安全绳静负荷试验要求是（　　）。

A．施加 3300N 静拉力

B．施加 2205N 静拉力

C．持续时间 1min

D．持续时间 5min

答案：BD

见《农村电网低压电气安全工作规程》（DL/T 477—2021）附录 G

91．安全帽的试验项目有（　　）。

A．静负荷试验

B．扣带强力试验

C．冲击性能试验

D．耐穿刺性能试验

答案：CD

见《农村电网低压电气安全工作规程》（DL/T 477—2021）附录 G

92．脚扣静负荷试验要求是（　　）。

A．施加 1176N 静压力

B．施加 1176N 静拉力

C．持续时间 1min

D．持续时间 5min

答案：AD

见《农村电网低压电气安全工作规程》（DL/T 477—2021）附录 G

93．脚扣扣带强力试验要求是（　　）。

A．施加 90N 静压力

B．施加 90N 静拉力

C．持续时间 1min

D．持续时间 5min

答案：BD

见《农村电网低压电气安全工作规程》（DL/T 477—2021）附录 G

94．脚扣试验项目有（　　）。

A．静负荷试验

B．扣带强力试验

C．冲击性能试验

D．耐穿刺性能试验

答案：AB

见《农村电网低压电气安全工作规程》（DL/T 477—2021）附录G

95．登高板静负荷试验要求是（　　）。

A．施加2205N静拉力

B．施加2205N静压力

C．持续时间1min

D．持续时间5min

答案：BD

见《农村电网低压电气安全工作规程》（DL/T 477—2021）附录G

96．硬梯静负荷试验要求是（　　）。

A．施加1765N静压力

B．施加1765N静拉力

C．持续时间1min

D．持续时间5min

答案：AD

见《农村电网低压电气安全工作规程》（DL/T 477—2021）附录G

三、填空题

1．工作票应使用____________的票面格式。

答案：统一

见《农村电网低压电气安全工作规程》（DL/T 477—2021）5.3.6a）

2．高压线路、设备同时停、送电的低压线路、设备工作，可填用____________。

答案：一张电气第一种工作票

见《农村电网低压电气安全工作规程》（DL/T 477—2021）5.3.6a）

3．不需要高压线路、设备配合停电的相同类型、相同安全措施的数条低压线路、数个低压设备工作，可填用____________。

答案：一张工作票

见《农村电网低压电气安全工作规程》（DL/T 477—2021）5.3.6a）

4．工作票执行前应由____________签发。

答案：工作票签发人

见《农村电网低压电气安全工作规程》（DL/T 477—2021）5.3.6b）

5．承发包工程中，工作票可实行____________。签发工作票时，双方工作票签发人在工作票上分别签名，各自承担相应的安全责任。

答案：双方签发形式

见《农村电网低压电气安全工作规程》（DL/T 477—2021）5.3.6b）

6. 一回线路检修或施工，邻近或交叉的其他电力线路需配合停电和接地时，应在工作票中列入相应的安全措施。若配合停电线路属于其他单位，应由检修单位事先书面申请，经配合停电线路的____________单位同意，并停电、接地。

答案：设备运行维护

见《农村电网低压电气安全工作规程》（DL/T 477—2021）5.3.6c）

7. 工作票的有效时间，以批准的____________为限。

答案：检修期

见《农村电网低压电气安全工作规程》（DL/T 477—2021）5.3.6d）

8. 检修单位的工作票签发人、工作负责人名单应事先送设备运行维护单位____________。

答案：备案

见《农村电网低压电气安全工作规程》（DL/T 477—2021）5.3.7d）

9. 工作负责人督促、监护工作班成员遵守本文件，正确使用____________，执行现场安全措施。

答案：安全工器具、劳动防护用品

见《农村电网低压电气安全工作规程》（DL/T 477—2021）5.3.8b）

10. 工作许可人发出许可下一步工作的命令前，应完成由其负责的____________，并向工作负责人逐项交代。工作许可人和工作负责人应分别在工作票上签名，记录许可时间。

答案：安全措施

见《农村电网低压电气安全工作规程》（DL/T 477—2021）5.4.4

11. 工作许可后，任何人不应擅自变更有关检修线路和设备的____________。

答案：运行方式

见《农村电网低压电气安全工作规程》（DL/T 477—2021）5.4.5

12．工作负责人发出开始工作的命令后，应在工作票上签名，记录____________。

答案：开始工作时间

见《农村电网低压电气安全工作规程》（DL/T 477—2021）5.4.7

13．工作票签发人或工作负责人，应根据现场的安全条件、施工范围、工作需要等具体情况，增设____________、确定被监护的人员。

答案：专责监护人

见《农村电网低压电气安全工作规程》（DL/T 477—2021）5.5.1

14．工作期间，____________应始终在工作现场，对工作班成员进行监护。

答案：工作负责人、专责监护人

见《农村电网低压电气安全工作规程》（DL/T 477—2021）5.5.2

15．工作负责人离开前必须将工作现场的情况交代清楚，通知全体工作人员，并在____________中书面备注。

答案：工作票

见《农村电网低压电气安全工作规程》（DL/T 477—2021）5.5.4

16．工作负责人需长时间离开现场，应办理工作负责人变更手续，变更工作负责人应经____________批准，并通知全体工作人员和工作许可人。

答案：工作票签发人

见《农村电网低压电气安全工作规程》（DL/T 477—2021）5.5.5

17．专责监护人临时离开现场时，应通知被监护人员________，待专责监护人回来后恢复工作。

答案：停止工作或离开工作现场

见《农村电网低压电气安全工作规程》（DL/T 477—2021）5.5.6

18．在工作中遇____________等恶劣气象条件或其他威胁工作人员安全的情况时，工作负责人或专责监护人应下令停止工作。

答案：雷、雨、大风

见《农村电网低压电气安全工作规程》（DL/T 477—2021）5.6.1

19．工作间断时，工作地点的__________可保留不变。

答案：全部安全措施

见《农村电网低压电气安全工作规程》（DL/T 477—2021）5.6.2

20．经设备运行维护单位批准的连续停电、夜间不送电的线路或设备，工作地点的__________可不拆除，次日恢复工作前应派人检查。

答案：接地线

见《农村电网低压电气安全工作规程》（DL/T 477—2021）5.6.3

21．接地线等安全措施拆除后，应认为线路或设备________，不准任何人再登杆或在设备上工作。

答案：带电

见《农村电网低压电气安全工作规程》（DL/T 477—2021）5.7.1

22．工作终结后，工作负责人应及时报告工作许可人，报告方式分为当面报告、电话报告和电子信息报告；当面报告和用电话报告应经__________，电子信息报告应回复确认无误。

答案：复诵无误

见《农村电网低压电气安全工作规程》（DL/T 477—2021）5.7.2

23．工作终结的报告内容应包括工作负责人姓名、完工的线路/设备名称、线路区段、设备改动情况，并说明工作地点所装设的接地线等安全措施已__________，线路/设备上已无本班组工作人员和遗留物。

答案：全部拆除

见《农村电网低压电气安全工作规程》（DL/T 477—2021）5.7.3

24．工作许可人接到所有工作负责人的终结报告，在下令__________前，应确认全部工作已经完毕，所有工作人员已从线路/设备上撤离，接地线已全部拆除，并核对无误。

答案：拆除各侧安全措施、恢复送电

见《农村电网低压电气安全工作规程》（DL/T 477—2021）5.7.4

25．作业前应对没有接地的线路、设备__________。

答案：验电

见《农村电网低压电气安全工作规程》（DL/T 477—2021）6.1.3

26．停电的线路、设备的各端，应有明显__________。

答案：断开点或断开指示

见《农村电网低压电气安全工作规程》（DL/T 477—2021）6.2.2

27．难以做到与电源完全断开的检修线路、设备，可拆除其与电源之间的__________。

答案：电气连接

见《农村电网低压电气安全工作规程》（DL/T 477—2021）6.2.3

28．在线路、设备上装设接地线前，应在接地部位验明线路、设备__________。

答案：确无电压

见《农村电网低压电气安全工作规程》（DL/T 477—2021）6.3.1

29．验电前，验电器或测电笔应在__________，确证验电器或测电笔良好。

答案：有电设备上试验

见《农村电网低压电气安全工作规程》（DL/T 477—2021）6.3.1

30．同杆架设的__________也应接地。

答案：路灯线

见《农村电网低压电气安全工作规程》（DL/T 477—2021）6.4.1

31．工作地段各端和可能送电到停电线路的__________均应接地。

答案：分支线

见《农村电网低压电气安全工作规程》（DL/T 477—2021）6.4.1

32．当停电检修的线路或设备有感应电时，应在检修的线路工作地段或设备上加装__________。

答案：接地线

见《农村电网低压电气安全工作规程》（DL/T 477—2021）6.4.4

33．成套接地线应使用有透明护套的多股软铜线和专用线夹组成，应满足装设地点短路电流的要求，其截面面积不应小于__________。

答案：$16mm^2$

见《农村电网低压电气安全工作规程》（DL/T 477—2021）6.4.5

34．在无接地引下线的电杆装设接地线时，可采用________。

答案：临时接地体

见《农村电网低压电气安全工作规程》（DL/T 477—2021）6.4.6

35．星形接线电容器的__________应接地。

答案：中性点

见《农村电网低压电气安全工作规程》（DL/T 477—2021）6.4.7

36．拆开的引线、断开的线头应采取__________等遮蔽措施。

答案：绝缘包裹

见《农村电网低压电气安全工作规程》（DL/T 477—2021）6.4.9

37．低压带电作业时，作业范围内电气回路的__________应投入运行。

答案：剩余电流动作保护装置（剩余电流动作保护器）

见《农村电网低压电气安全工作规程》（DL/T 477—2021）7.1.1

38．户外低压带电作业，应在__________的条件下进行。

答案：天气良好

见《农村电网低压电气安全工作规程》（DL/T 477—2021）7.1.2

39．带电断开低压配电盘或接线箱中的电压表和电能表的电压回路时，应采取防止__________的措施。

答案：短路或接地

见《农村电网低压电气安全工作规程》（DL/T 477—2021）7.2.2

40．在带电低压线路上工作，上杆前，应先分清__________，选好工作位置。

答案：相线、中性线

见《农村电网低压电气安全工作规程》（DL/T 477—2021）7.3.1

41. **更换户外熔断器的熔丝或拆搭接头时不应____________。**

答案：带负荷

见《农村电网低压电气安全工作规程》（DL/T 477—2021）7.3.3

42．夜间巡线应携带足够的____________。

答案：照明工具

见《农村电网低压电气安全工作规程》（DL/T 477—2021）8.2.2

43．巡线人员发现导线、电缆断落地面或悬挂空中，应防止人员靠近断线地点，并迅速____________。

答案：切断故障点的电源

见《农村电网低压电气安全工作规程》（DL/T 477—2021）8.2.4

44．不填用操作票的电气操作应____________。

答案：做好记录

见《农村电网低压电气安全工作规程》（DL/T 477—2021）8.3.2

45．以投切熔件的方法对线路进行送（停）电操作时应戴手套，不应____________。

答案：带负荷操作

见《农村电网低压电气安全工作规程》（DL/T 477—2021）8.3.5

46．电气操作时如发现疑问或发生故障，应____________。

答案：停止操作

见《农村电网低压电气安全工作规程》（DL/T 477—2021）8.3.7

47．发生严重危及人身安全的情况时，可不等待指令即____________，事后应立即报告。

答案：断开电源

见《农村电网低压电气安全工作规程》（DL/T 477—2021）8.3.8

48．夜间测量时，应有____________。

答案：足够的照明

见《农村电网低压电气安全工作规程》（DL/T 477—2021）8.4.1

49．测量电压、电流时，应在____________天气下进行。

答案：无雷雨

见《农村电网低压电气安全工作规程》（DL/T 477—2021）8.4.2

50．测量中不应带电转换测量仪表的____________。

答案：量程

见《农村电网低压电气安全工作规程》（DL/T 477—2021）8.4.2

51．电压测量工作，应在容量相对较小的开关上、熔丝的____________进行。

答案：负荷侧

见《农村电网低压电气安全工作规程》（DL/T 477—2021）8.4.3

52．测量设备绝缘电阻前后，应将被测设备____________。

答案：对地放电

见《农村电网低压电气安全工作规程》（DL/T 477—2021）8.4.5

53．上树或邻近带电线路、设备砍剪树木时应____________。

答案：有人监护

见《农村电网低压电气安全工作规程》（DL/T 477—2021）8.5.1

54．安全带不应系在____________或以上。

答案：待砍剪树枝的断口附近

见《农村电网低压电气安全工作规程》（DL/T 477—2021）8.5.2

55．砍剪树木时，应防止____________等昆虫或动物伤人。

答案：马蜂

见《农村电网低压电气安全工作规程》（DL/T 477—2021）8.5.2

56．为防止树木（树枝）倒落在导线上，应用绳索将其拉向与导线____________的方向。

答案：相反

见《农村电网低压电气安全工作规程》（DL/T 477—2021）8.5.3

57．风力超过 5 级时，不应砍剪____________的树木。

答案：高出或接近导线

见《农村电网低压电气安全工作规程》（DL/T 477—2021）8.5.5

58．使用油锯或电锯的作业，应先检查所能锯到的范围内有无__________，以防金属物体飞出伤人。

答案：铁钉等金属物件

见《农村电网低压电气安全工作规程》（DL/T 477—2021）8.5.6

59．线路作业应在良好的天气下进行，遇有__________条件时，应停止工作。

答案：恶劣气象

见《农村电网低压电气安全工作规程》（DL/T 477—2021）9.1.1

60．垂直交叉作业时，应采取防止__________的措施。

答案：落物伤人

见《农村电网低压电气安全工作规程》（DL/T 477—2021）9.1.2

61．挖坑前，应确认地下管道、电缆等设施的确切位置，并做好__________。

答案：防护措施

见《农村电网低压电气安全工作规程》（DL/T 477—2021）9.2.1

62．挖坑时，应及时清除坑口附近__________，外人不应在坑边逗留。

答案：浮土、石块

见《农村电网低压电气安全工作规程》（DL/T 477—2021）9.2.2

63．在土质松软处挖坑，应采取加__________等防止塌方的措施。

答案：挡板、撑木

见《农村电网低压电气安全工作规程》（DL/T 477—2021）9.2.3

64．在下水道、煤气管线、潮湿地、垃圾堆、沼气池或有腐质物等附近工作时，应有防止中毒及__________的措施。

答案：煤气、沼气爆炸

见《农村电网低压电气安全工作规程》（DL/T 477—2021）9.2.4

65．在居民区及交通道路附近开挖的基坑，夜间宜设置__________。

答案：警示光源

见《农村电网低压电气安全工作规程》（DL/T 477—2021）9.2.5

66．____________有开花现象时，应及时修理或更换。

答案：钎头

见《农村电网低压电气安全工作规程》（DL/T 477—2021）9.2.6

67．立、撤杆应设____________统一指挥。

答案：专人

见《农村电网低压电气安全工作规程》（DL/T 477—2021）9.3.1

68．有人居住区域和交通道路附近立、撤杆时，应设____________。

答案：警戒范围或警告标示

见《农村电网低压电气安全工作规程》（DL/T 477—2021）9.3.2

69．利用已有电杆立、撤杆，应先检查电杆根部、拉线和电杆的强度，必要时增设____________或其他补强措施。

答案：临时拉线

见《农村电网低压电气安全工作规程》（DL/T 477—2021）9.3.4

70．使用吊车立、撤杆时，起吊点和____________应选择适当。

答案：起重机械位置

见《农村电网低压电气安全工作规程》（DL/T 477—2021）9.3.5

71．撤杆时，应检查无卡盘或障碍物后再____________。

答案：试拔

见《农村电网低压电气安全工作规程》（DL/T 477—2021）9.3.5

72．使用抱杆立、撤杆时，抱杆下部应固定牢固，顶部应设____________控制。

答案：临时拉线

见《农村电网低压电气安全工作规程》（DL/T 477—2021）9.3.6

73．已经起立的电杆，在撤去抱杆（叉杆）及拉绳前，杆基应____________。

答案：回填夯实

见《农村电网低压电气安全工作规程》（DL/T 477—2021）9.3.7

74．牵引时，不应利用____________或外露岩石作受力桩。

答案：树木

见《农村电网低压电气安全工作规程》（DL/T 477—2021）9.3.10

75．电杆上有人工作时，不应调整或拆除____________。

答案：拉线

见《农村电网低压电气安全工作规程》（DL/T 477—2021）9.3.10

76．新立电杆在杆基未完全牢固或做好临时拉线前，不应____________。

答案：攀登

见《农村电网低压电气安全工作规程》（DL/T 477—2021）9.4.1

77．遇有冲刷、起土、上拔或导线、拉线松动的电杆，应先____________，打好临时拉线或支好杆架。

答案：培土加固

见《农村电网低压电气安全工作规程》（DL/T 477—2021）9.4.2d）

78．攀登有覆冰、积雪、积霜、雨水的电杆，应采取__________。

答案：防滑措施

见《农村电网低压电气安全工作规程》（DL/T 477—2021）9.4.3

79．上杆不应利用绳索或____________。

答案：拉线

见《农村电网低压电气安全工作规程》（DL/T 477—2021）9.4.4

80．工作前应检查放线、紧线和撤线____________及设备良好。

答案：工具

见《农村电网低压电气安全工作规程》（DL/T 477—2021）9.5.1

81．放线前，应检查导线与牵引绳可靠连接。发现异常情况应立即____________停止工作。

答案：发信号

见《农村电网低压电气安全工作规程》（DL/T 477—2021）9.5.3

82．如遇导线有卡、挂住现象，应松线后处理。处理时操作人员应站在卡线处外侧，采用____________等撬、拉导线。

答案：工具、大绳

见《农村电网低压电气安全工作规程》（DL/T 477—2021）9.5.4

83．放线、紧线作业过程中，应采取防止导线____________破损的措施。

答案：绝缘层

见《农村电网低压电气安全工作规程》（DL/T 477—2021）9.5.6

84．放线、紧线与撤线时，工作人员不应站或跨在已受力的____________的内角侧、展放的导线圈内以及牵引绳或架空线的垂直下方。

答案：牵引绳、导线

见《农村电网低压电气安全工作规程》（DL/T 477—2021）9.5.7

85．在电力电缆的沟槽开挖、电缆安装、运行、检修、维护和试验等工作中，____________应满足安全要求。

答案：作业环境

见《农村电网低压电气安全工作规程》（DL/T 477—2021）10.1.1

86．工作前应核对____________与工作票所列相符，安全措施正确可靠。

答案：电缆标志牌的名称

见《农村电网低压电气安全工作规程》（DL/T 477—2021）10.1.2

87．在电缆故障查找中使用电缆故障声测定点时，禁止直接用手触摸____________或冒烟小洞，以免触电。

答案：电缆外皮

见《农村电网低压电气安全工作规程》（DL/T 477—2021）10.1.3

88．开启电缆井井盖、电缆沟盖板时应使用____________。

答案：专用工具

见《农村电网低压电气安全工作规程》（DL/T 477—2021）10.2.1

89．电缆井工作时，通风机应保持____________，保证空气流通。

答案：常开

见《农村电网低压电气安全工作规程》（DL/T 477—2021）10.2.2

90．电缆直埋敷设施工前应开挖足够数量的____________，以确定电缆敷设位置、确保不损坏运行电缆和其他地下管线。

答案：样洞和样沟

见《农村电网低压电气安全工作规程》（DL/T 477—2021）10.2.3

91．掘路施工应装设坑盖、遮栏或____________。

答案：加挂警告标示

见《农村电网低压电气安全工作规程》（DL/T 477—2021）10.2.4

92．沟槽开挖应采取防止____________的措施。

答案：土层塌方

见《农村电网低压电气安全工作规程》（DL/T 477—2021）10.2.5

93．非开挖的通道，应与____________保持足够的安全距离。

答案：地下管线及设施

见《农村电网低压电气安全工作规程》（DL/T 477—2021）10.2.6b）

94．在接触金属配电箱、电表箱前，应用____________确认无电。作业完毕后，应随手关闭配电室（箱）门并上锁。

答案：验电器或测电笔

见《农村电网低压电气安全工作规程》（DL/T 477—2021）11.1.1

95．发现配电箱、电表箱箱体带电时，应断开____________，查明带电原因，并作相应的处理。

答案：上一级电源

见《农村电网低压电气安全工作规程》（DL/T 477—2021）11.1.2

96．电容器停电工作，应先断开____________，逐相充分放电，并装设接地线。

答案：电容器的电源

见《农村电网低压电气安全工作规程》（DL/T 477—2021）11.1.3

97． 装（拆）不经电流互感器的电能表、电流表时，线路不应____________。

答案：带负荷

见《农村电网低压电气安全工作规程》（DL/T 477—2021）11.2.1

98． 在带电线路电杆上工作，如需穿越带电线路进行工作，____________应停电、接地或采取绝缘遮蔽措施。

答案：下层线路

见《农村电网低压电气安全工作规程》（DL/T 477—2021）12.2.1

99． 作业人员活动范围及其携带的工具、材料等不应触及带电导线，如不能保证，应按照____________或停电进行。

答案：低压带电作业要求

见《农村电网低压电气安全工作规程》（DL/T 477—2021）12.2.2

100． 对带电线路电杆进行拉线加固，应采用____________或补强的方式。

答案：调整拉线下把的绑扎

见《农村电网低压电气安全工作规程》（DL/T 477—2021）12.2.4

101． 如果与作业的导线邻近或交叉的线路不能停电，应在工作地点接地，____________也应接地。

答案：绞车等牵引工具

见《农村电网低压电气安全工作规程》（DL/T 477—2021）12.3.2b）

102． 为防止登杆作业人员误登杆而造成人身触电事故，与检修线路邻近的带电线路的电杆上应挂____________，或派人看守。

答案："禁止攀登，有电危险!"的标示牌

见《农村电网低压电气安全工作规程》（DL/T 477—2021）12.3.3

103． 绑线应绕成____________后再带上电杆使用。

答案：小盘

见《农村电网低压电气安全工作规程》（DL/T 477—2021）12.4.2

104． 接入配电网的分布式电源，____________应装设具有开断指示、具备开断故障电流能力的开断设备。

答案：并网点

见《农村电网低压电气安全工作规程》（DL/T 477—2021）13.1.1

105．装设于配电变压器母线处的反孤岛装置，与总开关、母线联络开关间应具备__________。

答案：操作闭锁功能

见《农村电网低压电气安全工作规程》（DL/T 477—2021）13.1.2

106．在分布式电源配电网上进行的检修工作宜采取__________方式进行。

答案：低压带电作业

见《农村电网低压电气安全工作规程》（DL/T 477—2021）13.2.2

107．发生电气设备火灾时，应立即切断__________，然后进行灭火。

答案：有关设备的电源

见《农村电网低压电气安全工作规程》（DL/T 477—2021）14.1.1

108．连接电动机械及电动工具的电气回路应单独装设__________，并装设剩余电流动作保护装置。

答案：开关或插座

见《农村电网低压电气安全工作规程》（DL/T 477—2021）14.1.2

109．连接电动机械及电动工具的金属外壳应__________。

答案：接地或接零

见《农村电网低压电气安全工作规程》（DL/T 477—2021）14.1.2

110．在城区、人口密集区、通行道路上或交通道口作业时，工作场所周围应装设遮栏，并在相应部位装设__________。

答案：交通警示牌

见《农村电网低压电气安全工作规程》（DL/T 477—2021）14.1.3

111．在没有脚手架或在没有栏杆的脚手架上工作，高度超过1.5m时，应使用__________。

答案：安全带

见《农村电网低压电气安全工作规程》（DL/T 477—2021）14.2.2

112．安全带的__________应挂在结实牢固的构件上，并应采用高挂低用的方式。

答案：挂钩或绳子

见《农村电网低压电气安全工作规程》（DL/T 477—2021）14.2.3

113．高处作业应使用__________，较大的工具应固定。

答案：工具袋

见《农村电网低压电气安全工作规程》（DL/T 477—2021）14.2.4

114．在高处作业现场，工作人员不应站在作业处的________。

答案：垂直下方

见《农村电网低压电气安全工作规程》（DL/T 477—2021）14.2.5

115．在使用梯子时，应采取防滑措施并设专人__________。

答案：扶持

见《农村电网低压电气安全工作规程》（DL/T 477—2021）14.2.6

116．在起吊、牵引过程中，受力钢丝绳的周围、上下方、内角侧，以及__________和吊臂的下面，不应有人逗留或通过。

答案：起吊物

见《农村电网低压电气安全工作规程》（DL/T 477—2021）14.3.1

117．装运超长、超高或重大物件时，物件重心应与__________基本一致，超长物件尾部应设标志。

答案：车厢承重中心

见《农村电网低压电气安全工作规程》（DL/T 477—2021）14.3.3

118．在防火重点部位或场所以及__________动火作业，应严格执行 DL 5027 的有关规定，填用动火工作票。

答案：禁止明火区

见《农村电网低压电气安全工作规程》（DL/T 477—2021）14.4.1

119．压力容器或管道__________前，不应动火。

答案：未泄压

见《农村电网低压电气安全工作规程》（DL/T 477—2021）14.4.2 a）

120. 绝缘工具在储存、运输时不应与酸、碱、油类和化学药品接触，并防止____________或雨淋。

答案：阳光直射

见《农村电网低压电气安全工作规程》（DL/T 477—2021）14.5.2

121. 安全帽从制造完成之日算，塑料和纸胶帽的试验周期为____________。

答案：2.5 年

见《农村电网低压电气安全工作规程》（DL/T 477—2021）附录 G

122. 安全帽从制造完成之日算，玻璃钢帽的试验周期为____________。

答案：3.5 年

见《农村电网低压电气安全工作规程》（DL/T 477—2021）附录 G

123. 脚扣静负荷试验周期是____________。

答案：1 年

见《农村电网低压电气安全工作规程》（DL/T 477—2021）附录 G

124. 脚扣扣带强力试验周期是____________。

答案：1 年

见《农村电网低压电气安全工作规程》（DL/T 477—2021）附录 G

125. 登高板静负荷试验试验周期是____________。

答案：半年

见《农村电网低压电气安全工作规程》（DL/T 477—2021）附录 G

126. 竹梯静负荷试验试验周期是____________。

答案：半年

见《农村电网低压电气安全工作规程》（DL/T 477—2021）附录 G

127. 木梯静负荷试验试验周期是____________。

答案：半年

见《农村电网低压电气安全工作规程》（DL/T 477—2021）附录 G

128. 一经合闸即可送电到施工设备的隔离开关（刀闸）操作把手上悬挂____________标示牌。

答案：禁止合闸，有人工作！

见《农村电网低压电气安全工作规程》（DL/T 477—2021）附录 H

129. 线路隔离开关（刀闸）把手上悬挂____________标示牌。

答案：禁止合闸，线路有人工作！

见《农村电网低压电气安全工作规程》（DL/T 477—2021）附录 H

130. 工作地点或检修设备上悬挂____________标示牌。

答案：在此工作！

见《农村电网低压电气安全工作规程》（DL/T 477—2021）附录 H

131. 施工地点邻近带电设备的遮栏上，室外工作地点的围栏上，禁止通行的过道上，高压试验地点，室外构架上，工作地点邻近带电设备的横梁上悬挂____________标示牌。

答案：止步，高压危险！

见《农村电网低压电气安全工作规程》（DL/T 477—2021）附录 H

132. 工作人员可以上下的铁架、爬梯上悬挂____________标示牌。

答案：从此上下！

见《农村电网低压电气安全工作规程》（DL/T 477—2021）附录 H

133. 室外工作地点围栏的出入口处悬挂____________标示牌。

答案：从此进出！

见《农村电网低压电气安全工作规程》（DL/T 477—2021）附录 H

134. 临近的带电线路的电杆高压配电装置构架的爬梯上，配电变压器、电抗器等设备的爬梯上悬挂____________标示牌。

答案：禁止攀登，高压危险！

见《农村电网低压电气安全工作规程》（DL/T 477—2021）附录 H

四、判断题

1．农村电网低压电气工作应做好安全风险管控。（　　）

答案：正确

见《农村电网低压电气安全工作规程》（DL/T 477—2021）4.3.1

2．作业人员有权拒绝违章指挥和强令冒险的作业。（　　）

答案：正确

见《农村电网低压电气安全工作规程》（DL/T 477—2021）4.3.4

3．非连续进行的故障抢修工作不使用工作票。（　　）

答案：错误

见《农村电网低压电气安全工作规程》（DL/T 477—2021）5.3.4

改正：非连续进行的故障抢修工作应使用工作票。

4．触及低压带电线路的修剪树木工作不使用工作票。（　　）

答案：错误

见《农村电网低压电气安全工作规程》（DL/T 477—2021）5.3.5a）

改正：不会触及低压带电线路的修剪树木工作可使用其他书面记录、电子信息或按口头、电话命令执行。

5．低压电杆底部和基础等地面检查、消缺、培土工作必须使用工作票。（　　）

答案：错误

见《农村电网低压电气安全工作规程》（DL/T 477—2021）5.3.5a）

改正：低压电杆底部和基础等地面检查、消缺、培土工作可使用其他书面记录、电子信息或按口头、电话命令执行。

6．不会触及低压带电线路的在低压电杆上涂写杆号或用电标

语，安装标志牌等工作可不使用工作票。（　　）

答案：正确

见《农村电网低压电气安全工作规程》（DL/T 477—2021）5.3.5a）

7. 低压计量装置上的工作可不使用工作票。（　　）

答案：正确

见《农村电网低压电气安全工作规程》（DL/T 477—2021）5.3.5a）

8. 在住宅照明回路上的工作必须使用工作票。（　　）

答案：错误

见《农村电网低压电气安全工作规程》（DL/T 477—2021）5.3.5a）

改正：在住宅照明回路上的工作可使用其他书面记录、电子信息或按口头、电话命令执行。

9. 单一电源低压分支线的停电工作必须使用工作票。（　　）

答案：错误

见《农村电网低压电气安全工作规程》（DL/T 477—2021）5.3.5a）

改正：单一电源低压分支线的停电工作可使用其他书面记录、电子信息或按口头、电话命令执行。

10. 工作票由设备检修单位签发或由经设备运行维护单位审核合格并批准的其他单位签发。（　　）

答案：错误

见《农村电网低压电气安全工作规程》（DL/T 477—2021）5.3.6b）

改正：工作票由设备运行维护单位签发或由经设备运行维护单位审核合格并批准的其他单位签发。

11. 一个工作负责人可以同时执行两张及以上工作票。（　　）

答案：错误

见《农村电网低压电气安全工作规程》（DL/T 477—2021）5.3.6c）

改正：一个工作负责人不应同时执行两张及以上工作票。

12．一回线路检修或施工，邻近或交叉的其他电力线路需配合停电和接地时，应在工作票中列入相应的安全措施。若配合停电线路属于其他单位，应由设备运行维护单位事先书面申请，经配合停电线路的检修单位同意，并停电、接地。（　　）

答案：错误

见《农村电网低压电气安全工作规程》（DL/T 477—2021）5.3.6c）

改正：一回线路检修或施工，邻近或交叉的其他电力线路需配合停电和接地时，应在工作票中列入相应的安全措施。若配合停电线路属于其他单位，应由检修单位事先书面申请，经配合停电线路的设备运行维护单位同意，并停电、接地。

13．工作票的延期只能办理一次。（　　）

答案：正确

见《农村电网低压电气安全工作规程》（DL/T 477—2021）5.3.6d）

14．填用电气第二种工作票时，可不履行工作许可手续。（　　）

答案：正确

见《农村电网低压电气安全工作规程》（DL/T 477—2021）5.4.2

15．工作负责人发出开始工作的命令前，应确认工作票所列安全措施已全部完成。（　　）

答案：正确

见《农村电网低压电气安全工作规程》（DL/T 477—2021）5.4.7

16．可以约时停、送电。（　　）

答案：错误

见《农村电网低压电气安全工作规程》（DL/T 477—2021）5.4.8

改正：不应约时停、送电。

17．低压线路、设备停电工作时，工作负责人在工作班成员确无触电等危险的情况下，可一起参加工作，专责监护人可以做其他工作。（　　）

答案：错误

见《农村电网低压电气安全工作规程》（DL/T 477—2021）5.5.3

改正：低压线路、设备停电工作时，工作负责人在工作班成员确无触电等危险的情况下，可一起参加工作，但专责监护人不应兼做其他工作。

18．工作负责人需长时间离开现场，应办理工作负责人变更手续，变更工作负责人应经工作票签发人批准，并通知全体工作人员和工作许可人。（　　）

答案：正确

见《农村电网低压电气安全工作规程》（DL/T 477—2021）5.5.5

19．专责监护人长时间离开现场时，应通知被监护人员停止工作或离开工作现场，待专责监护人回来后恢复工作。（　　）

答案：错误

见《农村电网低压电气安全工作规程》（DL/T 477—2021）5.5.6

改正：专责监护人临时离开现场时，应通知被监护人员停止工作或离开工作现场，待专责监护人回来后恢复工作。

20．在工作中遇雷、雨、大风等恶劣气象条件或其他威胁工作人员安全的情况时，工作许可人或专责监护人应下令停止工作。（　　）

答案：错误

见《农村电网低压电气安全工作规程》（DL/T 477—2021）5.6.1

改正：在工作中遇雷、雨、大风等恶劣气象条件或其他威胁工作人员安全的情况时，工作负责人或专责监护人应下令停止工作。

21．若工作班需暂时离开工作地点，应采取安全措施，必要时应派专人看守。（　　）

答案：正确

见《农村电网低压电气安全工作规程》（DL/T 477—2021）5.6.2

22．工作许可人接到所有工作负责人的终结报告，应确认全部工作已经完毕，所有工作人员已从线路/设备上撤离，接地线已全部拆除，并核对无误。（　　）

答案：错误

见《农村电网低压电气安全工作规程》（DL/T 477—2021）5.7.4

改正：工作许可人接到所有工作负责人的终结报告，在下令拆除各侧安全措施、恢复送电前，应确认全部工作已经完毕，所有工作人员已从线路/设备上撤离，接地线已全部拆除，并核对无误。

23．停电的线路、设备的各端，应有明显断开点或断开指示。（　　）

答案：正确

见《农村电网低压电气安全工作规程》（DL/T 477—2021）6.2.2

24．在线路、设备上装设接地线前，应在接地部位验明线路、设备确无电压。应使用相应电压等级的接触式验电器或测电笔。（　　）

答案：正确

见《农村电网低压电气安全工作规程》（DL/T 477—2021）6.3.1

25．不应仅以设备分合位置的指示、电压表指示零位、电源指示灯熄灭、电动机不转动、电磁线圈无电磁响声及变压器无响声等现象变化作为判断设备已停电的依据。（　　）

答案：错误

见《农村电网低压电气安全工作规程》（DL/T 477—2021）6.3.2

改正：不应仅以设备分合位置的指示、电压表指示零位、电源指示灯熄灭、电动机不转动、电磁线圈无电磁响声及变压器无响声等单一现象变化作为判断设备已停电的依据。

26．杆上线路验电时，应先验上层，后验下层；先验远侧，后验近侧。（　　）

答案：错误

见《农村电网低压电气安全工作规程》（DL/T 477—2021）6.3.3

改正：杆上线路验电时，应先验下层，后验上层；先验近侧，后验远侧。

27．接地线应接触良好，连接可靠。可以采用缠绕方法进行接地或短路。（　　）

答案：错误

见《农村电网低压电气安全工作规程》（DL/T 477—2021）6.4.2

改正：接地线应接触良好，连接可靠。不应用缠绕方法进行接地或短路。

28．装设与拆除接地线时，人体不应接触接地线或未接地的导体。（　　）

答案：正确

见《农村电网低压电气安全工作规程》（DL/T 477—2021）6.4.2

29．土壤电阻率较高的地方应采取措施改善接地电阻。（　　）

答案：正确

见《农村电网低压电气安全工作规程》（DL/T 477—2021）6.4.6

30．电缆及电容器接地前应充分放电。（　　）

答案：错误

见《农村电网低压电气安全工作规程》（DL/T 477—2021）6.4.7

改正：电缆及电容器接地前应逐相充分放电。

31．装在绝缘支架上的电容器外壳也应放电。（　　）

答案：正确

见《农村电网低压电气安全工作规程》（DL/T 477—2021）6.4.7

32．任何人不应擅自移动或取下标示牌。（　　）

答案：正确

见《农村电网低压电气安全工作规程》（DL/T 477—2021）6.5.2

33．在带电的电流互感器二次回路上工作，应采取防止电流互感器二次侧短路的措施。（　　）

答案：错误

见《农村电网低压电气安全工作规程》(DL/T 477—2021)7.2.2

改正：在带电的电流互感器二次回路上工作，应采取防止电流互感器二次侧开路的措施。

34. 在带电低压线路上工作，搭接导线时的顺序应先搭中性线，后搭接相线。( )

答案：正确

见《农村电网低压电气安全工作规程》(DL/T 477—2021)7.3.1

35. 高低压线路同杆架设，在带电低压线路上工作时，作业人员不应穿越已经采取绝缘措施的低压带电导线。( )

答案：错误

见《农村电网低压电气安全工作规程》(DL/T 477—2021)7.3.2

改正：高低压线路同杆架设，在带电低压线路上工作时，作业人员不应穿越未采取绝缘措施的低压带电导线。

36. 更换户内熔断器的熔丝或拆搭接头时不应带负荷。( )

答案：错误

见《农村电网低压电气安全工作规程》(DL/T 477—2021)7.3.3

改正：更换户外熔断器的熔丝或拆搭接头时不应带负荷。

37. 故障巡线应始终认为线路带电。( )

答案：正确

见《农村电网低压电气安全工作规程》(DL/T 477—2021)8.2.4

38. 巡视完毕后，应随手关闭配电室（箱）门并上锁。( )

答案：正确

见《农村电网低压电气安全工作规程》(DL/T 477—2021)8.2.5

39. 以投切熔件的方法对线路进行送（停）电操作时应戴手套，可以带负荷操作。( )

答案：错误

见《农村电网低压电气安全工作规程》(DL/T 477—2021)8.3.5

改正：以投切熔件的方法对线路进行送（停）电操作时应戴手套，不应带负荷操作。

40．操作时如发现疑问或发生故障，应停止操作。在继续操作前，应把问题查清、处理。（　　）

答案：正确

见《农村电网低压电气安全工作规程》（DL/T 477—2021）8.3.7

41．测量中可以带电转换测量仪表的量程。（　　）

答案：错误

见《农村电网低压电气安全工作规程》（DL/T 477—2021）8.4.2

改正：测量中不应带电转换测量仪表的量程。

42．电压测量工作，应在容量相对较大的开关上、熔丝的负荷侧进行。（　　）

答案：错误

见《农村电网低压电气安全工作规程》（DL/T 477—2021）8.4.3

改正：电压测量工作，应在容量相对较小的开关上、熔丝的负荷侧进行。

43．在测量设备绝缘电阻中工作负责人可以接近被测量设备。（　　）

答案：错误

见《农村电网低压电气安全工作规程》（DL/T 477—2021）8.4.5

改正：在测量设备绝缘电阻中不应让他人接近被测量设备。

44．不应攀登已经锯过或砍过的未断树木。（　　）

答案：正确

见《农村电网低压电气安全工作规程》（DL/T 477—2021）8.5.2

45．砍剪山坡树木应做好防止树木向上弹跳接近导线的措施。（　　）

答案：错误

见《农村电网低压电气安全工作规程》（DL/T 477—2021）8.5.3

改正：砍剪山坡树木应做好防止树木向下弹跳接近导线的措施。

46．使用油锯或电锯的作业，应先检查所能锯到的范围内有

无铁钉等金属物件，以防金属物体飞出伤人。（　　）

答案：正确

见《农村电网低压电气安全工作规程》（DL/T 477—2021）8.5.6

47．作业人员可以在坑内休息。（　　）

答案：错误

见《农村电网低压电气安全工作规程》（DL/T 477—2021）9.2.2

改正：作业人员不应在坑内休息。

48．在土质松软处挖坑，不应站在挡板、撑木上传递土石或放置传土工具。（　　）

答案：正确

见《农村电网低压电气安全工作规程》（DL/T 477—2021）9.2.3

49．在石坑、冻土坑打眼或打桩时，打锤人应站在扶钎人侧面，应戴手套。（　　）

答案：错误

见《农村电网低压电气安全工作规程》（DL/T 477—2021）9.2.6

改正：在石坑、冻土坑打眼或打桩时，打锤人应站在扶钎人侧面，不应戴手套。

50．顶杆及叉杆只能用于竖立 8m 以下的拔梢杆，不应用铁锹、木桩等代用。（　　）

答案：正确

见《农村电网低压电气安全工作规程》（DL/T 477—2021）9.3.3

51．挖坑中应先绑好拉绳，并做好防止倒杆的措施。（　　）

答案：错误

见《农村电网低压电气安全工作规程》（DL/T 477—2021）9.3.8

改正：挖坑前应先绑好拉绳，并做好防止倒杆的措施。

52．临时拉线不应固定在可能移动或其他不可靠的物体上。（　　）

答案：正确

见《农村电网低压电气安全工作规程》（DL/T 477—2021）9.3.10

53．拆除临时拉线后，永久拉线全部安装完毕并承力。（　　）

答案：错误

见《农村电网低压电气安全工作规程》（DL/T 477—2021）9.3.10

改正：拆除临时拉线前，永久拉线应全部安装完毕并承力。

54．遇有冲刷、起土、上拔或导线、拉线松动的电杆，应先打好临时拉线或支好杆架,再培土加固。（　　）

答案：错误

见《农村电网低压电气安全工作规程》（DL/T 477—2021）9.4.2d）

改正：遇有冲刷、起土、上拔或导线、拉线松动的电杆，应先培土加固，打好临时拉线或支好杆架。

55．攀登有覆冰、积雪、积霜、裂纹的电杆，应采取防滑措施。（　　）

答案：错误

见《农村电网低压电气安全工作规程》（DL/T 477—2021）9.4.3

改正：攀登有覆冰、积雪、积霜、雨水的电杆，应采取防滑措施。

56．登杆或下杆可以携带器材。（　　）

答案：错误

见《农村电网低压电气安全工作规程》（DL/T 477—2021）9.4.4

改正：登杆或下杆不应携带器材。

57．交叉跨越线路、铁路、公路、河流等放、撤线工作中，应采取搭设跨越架、封航、封路等安全措施。（　　）

答案：错误

见《农村电网低压电气安全工作规程》（DL/T 477—2021）9.5.2

改正：交叉跨越线路、铁路、公路、河流等放、撤线前，应采取搭设跨越架、封航、封路等安全措施。

58．放线前，应检查拉线与牵引绳可靠连接。（　　）

答案：错误

见《农村电网低压电气安全工作规程》（DL/T 477—2021）9.5.3

改正：放线前，应检查导线与牵引绳可靠连接。

59．放线、紧线时，应检查导线无障碍物挂住。（ ）

答案：错误

见《农村电网低压电气安全工作规程》（DL/T 477—2021）9.5.4

改正：放线、紧线前，应检查导线无障碍物挂住。

60．紧线、撤线时，应检查拉线、桩锚及电杆位置正确、牢固。（ ）

答案：错误

见《农村电网低压电气安全工作规程》（DL/T 477—2021）9.5.5

改正：紧线、撤线前，应检查拉线、桩锚及电杆位置正确、牢固。

61．撤线不应采用突然剪断导线的方法。（ ）

答案：正确

见《农村电网低压电气安全工作规程》（DL/T 477—2021）9.5.9

62．工作人员撤离电缆井后，应立即将井盖盖好。（ ）

答案：正确

见《农村电网低压电气安全工作规程》（DL/T 477—2021）10.2.1

63．电缆沟的盖板开启后，工作中应自然通风一段时间。（ ）

答案：错误

见《农村电网低压电气安全工作规程》（DL/T 477—2021）10.2.2

改正：电缆沟的盖板开启后，工作前应自然通风一段时间。

64．电缆直埋敷设施工可以使用大型机械开挖。（ ）

答案：错误

见《农村电网低压电气安全工作规程》（DL/T 477—2021）10.2.3

改正：电缆直埋敷设施工前应开挖足够数量的样洞和样沟，以确定电缆敷设位置、确保不损坏运行电缆和其他地下管线。不应使用大型机械开挖。

65．夜间掘路施工宜设置警告标示。（　　）

答案：错误

见《农村电网低压电气安全工作规程》（DL/T 477—2021）10.2.4

改正：夜间掘路施工宜设置警示光源。

66．在挖出的土堆起的斜坡上，不应放置工具、材料等杂物。（　　）

答案：正确

见《农村电网低压电气安全工作规程》（DL/T 477—2021）10.2.5

67．在接触金属配电箱、电表箱前，应用验电器或测电笔确认无电。（　　）

答案：正确

见《农村电网低压电气安全工作规程》（DL/T 477—2021）11.1.1

68．风力大于4级时应停止带电线路电杆上的工作。（　　）

答案：错误

见《农村电网低压电气安全工作规程》（DL/T 477—2021）12.2.3

改正：风力大于5级时应停止带电线路电杆上的工作。

69．对停电线路电杆进行拉线加固，应采用调整拉线下把的绑扎或补强的方式，且不应将连接处松开。（　　）

答案：错误

见《农村电网低压电气安全工作规程》（DL/T 477—2021）12.2.4

改正：对带电线路电杆进行拉线加固，应采用调整拉线下把的绑扎或补强的方式，且不应将连接处松开。

70．绑线应绕成小盘后再带上电杆使用。不应在电杆上卷绕或展开绑线。（　　）

答案：正确

见《农村电网低压电气安全工作规程》（DL/T 477—2021）12.4.2

71．发生电气设备火灾时，应立即进行灭火。（　　）

答案：错误

见《农村电网低压电气安全工作规程》（DL/T 477—2021）14.1.1

改正：发生电气设备火灾时，应立即切断有关设备的电源，然后进行灭火。

72．检修动力电源箱的支路开关应加装剩余电流动作保护装置，并定期检查。（ ）

答案：错误

见《农村电网低压电气安全工作规程》（DL/T 477—2021）14.1.2

改正：检修动力电源箱的支路开关应加装剩余电流动作保护装置，并定期检查和试验。

73. 连接电动机械及电动工具的电气回路应装设开关或插座。（ ）

答案：错误

见《农村电网低压电气安全工作规程》（DL/T 477—2021）14.1.2

改正：连接电动机械及电动工具的电气回路应单独装设开关或插座。

74．在坠落高度基准面 2m 以上的高处进行的作业，应视作高处作业。（ ）

答案：错误

见《农村电网低压电气安全工作规程》（DL/T 477—2021）14.2.1

改正：在坠落高度基准面 2m 及以上的高处进行的作业，应视作高处作业。

75．应防止安全带从杆顶脱出或被锋利物损伤。（ ）

答案：正确

见《农村电网低压电气安全工作规程》（DL/T 477—2021）14.2.3

76．高处作业上下传递物件应用绳索拴牢传递，不应上下抛掷。（ ）

答案：正确

见《农村电网低压电气安全工作规程》（DL/T 477—2021）14.2.4

77．梯子可以绑接使用。（ ）

答案：错误

见《农村电网低压电气安全工作规程》（DL/T 477—2021）14.2.6

改正：梯子不宜绑接使用。

78．在防火重点部位或场所以及禁止明火区动火作业，应严格执行 DL 572 的有关规定，填用动火工作票。（　　）

答案：错误

见《农村电网低压电气安全工作规程》（DL/T 477—2021）14.4.1

改正：在防火重点部位或场所以及禁止明火区动火作业，应严格执行 DL 5027 的有关规定，填用动火工作票。

79．风力达 5 级及以上的露天作业不应动火。（　　）

答案：错误

见《农村电网低压电气安全工作规程》（DL/T 477—2021）14.4.2c）

改正：风力达 5 级以上的露天作业不应动火。

80．遇有火险异常情况未查明原因和消除前，不应动火。（　　）

答案：正确

见《农村电网低压电气安全工作规程》（DL/T 477—2021）14.4.2e）

81．施工机具的转动和传动部分应保持润滑。（　　）

答案：正确

见《农村电网低压电气安全工作规程》（DL/T 477—2021）14.5.1

82．验电器绝缘杆经 2.5kV 绝缘电阻试验，不应低于 1.24MΩ。（　　）

答案：错误

见《农村电网低压电气安全工作规程》（DL/T 477—2021）附录 F

改正：验电器绝缘杆经 2.5kV 绝缘电阻试验，不应低于 2MΩ。

83．接地线绝缘杆经 2.5kV 绝缘电阻试验，不应低于 2MΩ。（　　）

答案：正确

见《农村电网低压电气安全工作规程》（DL/T 477—2021）附录 F

84．安全帽在使用期满，该批次继续使用前应抽查合格，以后每半年抽验一次。（　　）

答案：错误

见《农村电网低压电气安全工作规程》（DL/T 477—2021）附录 G

改正：安全帽在使用期满，该批次继续使用前应抽查合格，以后每年抽验一次。

85．安全帽从制造完成之日算，塑料和纸胶帽的试验周期为 2 年。（　　）

答案：错误

见《农村电网低压电气安全工作规程》（DL/T 477—2021）附录 G

改正：安全帽从制造完成之日算，塑料和纸胶帽的试验周期为 2.5 年。

86．安全帽从制造完成之日算，玻璃钢帽的试验周期为 3 年。（　　）

答案：错误

见《农村电网低压电气安全工作规程》（DL/T 477—2021）附录 G

改正：安全帽从制造完成之日算，玻璃钢帽的试验周期为 3.5 年。

87．一经合闸即可送电到施工设备的隔离开关（刀闸）操作把手上悬挂“禁止合闸，线路有人工作！”标示牌。（　　）

答案：错误

见《农村电网低压电气安全工作规程》（DL/T 477—2021）附录 H

改正：一经合闸即可送电到施工设备的隔离开关（刀闸）操作把手上悬挂“禁止合闸，有人工作！”标示牌。

88．线路隔离开关（刀闸）把手上悬挂“禁止合闸，有人工作！”标示牌。（　　）

答案：错误

见《农村电网低压电气安全工作规程》（DL/T 477—2021）附录 H

改正：线路隔离开关（刀闸）把手上悬挂“禁止合闸，线路有人工作！”标示牌。

五、问答题

1．在农村电网低压电气设备上工作的安全组织措施有哪些？

答案：（1）现场勘察制度。

（2）工作票制度。

（3）工作许可制度。

（4）工作监护制度。

（5）工作间断制度。

（6）工作终结和恢复送电制度。

见《农村电网低压电气安全工作规程》（DL/T 477—2021）5.1

2．哪些工作应组织现场勘察？

答案：（1）架设和撤除线路。

（2）跨越铁路、公路、河流的线路作业。

（3）工作地段有邻近、交叉、穿越、平行的高压电力线路的作业。

（4）工作票签发人或工作负责人认为有必要现场勘察的其他作业。

见《农村电网低压电气安全工作规程》（DL/T 477—2021）5.2.1

3．现场勘察应查看哪些项目？

答案：现场勘察应查看现场作业范围内设施情况，现场作业条件、环境及危险点，应停电的设备、保留或邻近的带电部位、可能反送电的设备和分支线等。

见《农村电网低压电气安全工作规程》（DL/T 477—2021）5.2.2

4．根据工作票制度，在农村电网低压电气设备上工作，应按哪些方式进行？

答案：在农村电网低压电气设备上工作，应按下列方式之一进行：

（1）填用电气第一种工作票。

（2）填用电气第二种工作票。

（3）使用其他书面记录、电子信息或按口头、电话命令执行。

见《农村电网低压电气安全工作规程》（DL/T 477—2021）5.3.1

5．哪些低压电气工作填用电气第一种工作票？

答案：需要高压线路、设备配合停电的农村电网低压电气工作，填用电气第一种工作票。

见《农村电网低压电气安全工作规程》（DL/T 477—2021）5.3.2

6．哪些低压电气工作填用电气第二种工作票？

答案：与高压设备的距离大于本文件表 1 规定的安全距离，不需要高压线路、设备配合停电的农村电网低压电气工作，应填用电气第二种工作票。

见《农村电网低压电气安全工作规程》（DL/T 477—2021）5.3.3

7．哪些低压电气工作不填用工作票？

答案：故障紧急抢修不填用工作票，应有书面记录。非连续进行的故障抢修工作应使用工作票。

见《农村电网低压电气安全工作规程》（DL/T 477—2021）5.3.4

8．可使用其他书面记录、电子信息或按口头、电话命令执行的农村电网低压电气设备上的工作有哪些？

答案：（1）不会触及低压带电线路的修剪树木工作。

（2）低压电杆底部和基础等地面检查、消缺、培土工作。

（3）不会触及低压带电线路的在低压电杆上涂写杆号或用电标语，安装标志牌等工作。

（4）在住宅照明回路上的工作。

（5）低压计量装置上的工作。

（6）单一电源低压分支线的停电工作。

见《农村电网低压电气安全工作规程》（DL/T 477—2021）5.3.5a）

9．承发包工程中，工作票的签发有何要求？

答案：承发包工程中，工作票可实行双方签发形式。签发工作票时，双方工作票签发人在工作票上分别签名，各自承担相应的安全责任。

见《农村电网低压电气安全工作规程》（DL/T 477—2021）5.3.6b）

10．安全措施变更有何要求？

答案：工作负责人、工作许可人任何一方不应擅自变更安全措施，工作中如有特殊情况需要变更时，应先取得对方及工作票签发人同意，变更情况记录在工作票的备注栏内。

见《农村电网低压电气安全工作规程》（DL/T 477—2021）5.3.6c）

11．工作票的有效时间是如何规定的？

答案：工作票的有效时间，以批准的检修期为限。

见《农村电网低压电气安全工作规程》（DL/T 477—2021）5.3.6d）

12．工作票的延期有何要求？

答案：工作票需办理延期手续，应在有效时间尚未结束以前由工作负责人向工作许可人（第二种工作票为工作票签发人）提出申请，经同意后给予办理。工作票的延期只能办理一次。

见《农村电网低压电气安全工作规程》（DL/T 477—2021）5.3.6d）

13．工作票签发人应符合哪些基本条件？

答案：工作票签发人应由熟悉人员技术水平、熟悉管辖范围内的设备情况、熟悉本文件，并具有相关工作经验，经本单位批准的人员担任。

见《农村电网低压电气安全工作规程》（DL/T 477—2021）5.3.7a）

14．工作负责人应符合哪些基本条件？

答案：工作负责人应由有本专业工作经验、熟悉本文件、熟悉工作班成员的工作能力、熟悉工作范围内的设备情况，经本工区（车间）批准的人员担任。

见《农村电网低压电气安全工作规程》（DL/T 477—2021）5.3.7b）

15．工作许可人应符合哪些基本条件？

答案：工作许可人应由熟悉农村电网低压电气网络接线方式、熟悉工作范围内的设备情况、熟悉本文件，经本工区（车间）批准的人员担任。

见《农村电网低压电气安全工作规程》（DL/T 477—2021）5.3.7c）

16．工作票所列工作票签发人的安全责任有哪些？

答案：（1）确认工作必要性和安全性。

（2）确认工作票上所填安全措施正确、完备。

（3）确认所派工作负责人和工作班人员适当、充足。

见《农村电网低压电气安全工作规程》（DL/T 477—2021）5.3.8a）

17．工作票所列工作负责人（监护人）的安全责任有哪些？

答案：（1）正确、安全地组织工作。

（2）确认工作票上所列安全措施正确、完备，符合现场条件，必要时予以补充。

（3）工作前向工作班全体成员告知危险点，交待工作任务、安全措施，并确保每个工作班成员都已确认。

（4）组织执行工作票所列需由工作班布置的安全措施。

（5）督促、监护工作班成员遵守本文件，正确使用安全工器具、劳动防护用品，执行现场安全措施。

见《农村电网低压电气安全工作规程》（DL/T 477—2021）5.3.8b）

18．工作票所列工作许可人的安全责任有哪些？

答案：（1）确认工作票所列安全措施正确、完备，符合现场条件。

（2）确认由其负责的停、送电和许可工作的命令正确。

（3）确认由其负责的安全措施正确实施。

见《农村电网低压电气安全工作规程》（DL/T 477—2021）5.3.8c）

19．工作票所列专责监护人的安全责任有哪些？

答案：（1）明确被监护人员和监护范围。

（2）工作前对被监护人员交待安全措施、告知危险点和安全注意事项。

（3）监督被监护人员遵守本文件和现场安全措施，及时纠正不安全行为。

见《农村电网低压电气安全工作规程》（DL/T 477—2021）5.3.8d）

20．工作票所列工作班成员的安全责任有哪些？

答案：（1）熟悉工作内容、工作流程，掌握安全措施，明确工作中的危险点，并履行确认手续。

（2）遵守安全规章制度、技术规程和劳动纪律，执行安全规程和实施现场安全措施，对自己在工作中的行为负责。

（3）正确使用安全工器具和劳动防护用品。

见《农村电网低压电气安全工作规程》（DL/T 477—2021）5.3.8e）

21．许可开始工作的命令，应通知工作负责人。其方法有几种？

答案：（1）电话下达。

（2）电子信息下达。

（3）当面下达。

（4）派人送达。

见《农村电网低压电气安全工作规程》（DL/T 477—2021）5.4.3

22．工作许可制度中工作负责人应向工作班成员交待什么？

答案：工作负责人应向工作班成员交待工作内容、现场安全措施、带电部位和其他注意事项，工作班成员应履行确认手续。

见《农村电网低压电气安全工作规程》（DL/T 477—2021）5.4.6

23．工作间断时，对工作地点的安全措施有何要求？

答案：工作间断时，工作地点的全部安全措施可保留不变。若工作班需暂时离开工作地点，应采取安全措施，必要时应派专人看守。恢复工作前，应检查安全措施是否完整。

见《农村电网低压电气安全工作规程》（DL/T 477—2021）5.6.2

24．填用数日内有效的电气第一种工作票有何要求？

答案：填用数日内有效的电气第一种工作票，每日收工时若将工作地点所装的接地线拆除，次日恢复工作前应重新验电、接地。经设备运行维护单位批准的连续停电、夜间不送电的线路或设备，工作地点的接地线可不拆除，次日恢复工作前应派人检查。

见《农村电网低压电气安全工作规程》（DL/T 477—2021）5.6.3

25．在线路、设备上工作，保证安全的技术措施有哪些？

答案：在线路、设备上工作，应有停电、验电、接地、悬挂标示牌等保证安全的技术措施。

见《农村电网低压电气安全工作规程》（DL/T 477—2021）6.1.1

26．工作地点需要停电的线路、设备有哪些？

答案：（1）检修的线路、设备。

（2）作业过程中人体和非绝缘工具可能触及带电裸露部位的线路、设备。

（3）其他需要停电的线路、设备。

见《农村电网低压电气安全工作规程》（DL/T 477—2021）6.2.1

27．杆上线路验电的顺序是什么？

答案：杆上线路验电时，应先验下层，后验上层；先验近侧，后验远侧。

见《农村电网低压电气安全工作规程》（DL/T 477—2021）6.3.3

28．装设接地线的顺序是什么？

答案：装设接地线应先接接地端，后接导线端。

见《农村电网低压电气安全工作规程》（DL/T 477—2021）6.4.2

29．拆除接地线的顺序是什么？

答案：拆除接地线应先拆除导线端，后拆除接地端。

见《农村电网低压电气安全工作规程》（DL/T 477—2021）6.4.2

30．同杆架设的多层线路装设接地线时的顺序是什么？

答案：同杆架设的多层线路装设接地线时，应先装设下层、后装设上层，先装设近侧、后装设远侧。

见《农村电网低压电气安全工作规程》（DL/T 477—2021）6.4.2

31．同杆架设的多层线路拆除接地线时的顺序是什么？

答案：同杆架设的多层线路拆除接地线时，应先拆除上层、后拆除下层，先拆除远侧、后拆除近侧。

见《农村电网低压电气安全工作规程》（DL/T 477—2021）6.4.2

32．成套接地线由哪些主要元件组成？

答案：成套接地线应使用有透明护套的多股软铜线和专用线夹组成。

见《农村电网低压电气安全工作规程》（DL/T 477—2021）6.4.5

33．带电低压线路上工作，断开导线时的顺序是什么？

答案：在带电低压线路上工作，断开导线时，应先断开相线，后断开中性线。

见《农村电网低压电气安全工作规程》（DL/T 477—2021）7.3.1

34．带电低压线路上工作，搭接导线时的顺序是什么？

答案：在带电低压线路上工作，搭接导线时，应先搭接中性线，后搭接相线。

见《农村电网低压电气安全工作规程》（DL/T 477—2021）7.3.1

35．线路、设备运行与维护的一般要求是什么？

答案：线路巡视、操作、电杆及设备维护和测量、砍剪树木等线路、设备运行与维护作业不应触碰线路、设备裸露带电部位。

见《农村电网低压电气安全工作规程》（DL/T 477—2021）8.1

36．单人巡线时的安全注意事项是什么？

答案：单人巡线时，不应攀登电杆或配电变压器台架。

见《农村电网低压电气安全工作规程》（DL/T 477—2021）8.2.1

37．工作人员接触金属门前的安全注意事项是什么？

答案：工作人员接触金属门前应验电，确认无电。

见《农村电网低压电气安全工作规程》（DL/T 477—2021）8.2.5

38．电气操作后如何进行检查？

答案：电气操作后应检查各相的实际位置，无法观察实际位置时，可通过间接方式确认该设备已操作到位。

见《农村电网低压电气安全工作规程》（DL/T 477—2021）8.3.3

39．停电操作顺序是什么？

答案：停电时应先断开断路器（开关），后拉开刀开关或熔断器。

见《农村电网低压电气安全工作规程》（DL/T 477—2021）8.3.4

40．送电操作顺序是什么？

答案：送电时应先合上刀开关或熔断器，后合上断路器（开关）。

见《农村电网低压电气安全工作规程》（DL/T 477—2021）8.3.4

41．发生严重危及人身安全的情况时应如何处理？

答案：发生严重危及人身安全的情况时，可不等待指令即断开电源，事后应立即报告。

见《农村电网低压电气安全工作规程》（DL/T 477—2021）8.3.8

42．测量设备绝缘电阻有哪些安全注意事项？

答案：测量设备绝缘电阻前，应将被测量设备各侧断开，验明无电压，确认设备上无人。在测量中不应让他人接近被测量设备。测量前后，应将被测设备对地放电。

见《农村电网低压电气安全工作规程》（DL/T 477—2021）8.4.5

43．使用油锯或电锯的作业，必须检查哪些事项？

答案：使用油锯或电锯的作业，应先检查所能锯到的范围内有无铁钉等金属物件，以防金属物体飞出伤人。

见《农村电网低压电气安全工作规程》（DL/T 477—2021）8.5.6

44．在土质松软处挖坑应注意哪些安全事项？

答案：在土质松软处挖坑，应采取加挡板、撑木等防止塌方的措施。不应站在挡板、撑木上传递土石或放置传土工具。不应由下部掏挖土层。

见《农村电网低压电气安全工作规程》（DL/T 477—2021）9.2.3

45．防止杆身倾斜的措施有哪些？

答案：应采用拉绳、叉杆等防止杆身倾斜。

见《农村电网低压电气安全工作规程》（DL/T 477—2021）9.3.1

46．登杆前，应做好哪些工作？

答案：（1）核对线路的名称和杆号。

（2）检查杆根、杆身、基础和拉线牢固。

（3）检查电杆上是否有影响攀登的附属物。

（4）遇有冲刷、起土、上拔或导线、拉线松动的电杆，应先培土加固，打好临时拉线或支好杆架。

（5）检查脚扣、升降板、安全带、梯子和脚钉、爬梯等登高工具和设施是否完整牢固。

见《农村电网低压电气安全工作规程》（DL/T 477—2021）9.4.2

47．如遇导线有卡、挂住现象，应如何处理？

答案：如遇导线有卡、挂住现象，应松线后处理。处理时操作人员应站在卡线处外侧，采用工具、大绳等撬、拉导线。不应用手直接拉、推导线。

见《农村电网低压电气安全工作规程》（DL/T 477—2021）9.5.4

48．使用电缆故障声测定点查找电缆故障时有哪些安全注意事项？

答案：在电缆故障查找中使用电缆故障声测定点时，禁止直接用手触摸电缆外皮或冒烟小洞，以免触电。

见《农村电网低压电气安全工作规程》（DL/T 477—2021）10.1.3

49．非开挖施工应采取哪些安全措施？

答案：（1）施工前，应探明地下管线及设施的相对位置。

（2）非开挖的通道，应与地下管线及设施保持足够的安全距离。

（3）通道形成的同时，施工区域应及时采取灌浆等防止路基沉降的措施。

见《农村电网低压电气安全工作规程》（DL/T 477—2021）10.2.6

50．电容器停电工作的安全措施有哪些？

答案：电容器停电工作，应先断开电容器的电源，逐相充分放电，并装设接地线。

见《农村电网低压电气安全工作规程》（DL/T 477—2021）11.1.3

51．邻近带电导线的工作主要包含哪些内容？

答案：邻近带电导线的工作主要包含带电线路电杆上的工作、邻近或交叉其他电力线路的工作，以及同杆架设多回线路的工作。

见《农村电网低压电气安全工作规程》（DL/T 477—2021）12.1

52．在带电线路电杆上有哪些具体工作？

答案：在带电线路电杆上工作，应在带电线路的下方。如处理水泥杆裂纹、加固拉线、拆除鸟窝、紧固螺钉、查看导线金具和绝缘子等工作。

见《农村电网低压电气安全工作规程》（DL/T 477—2021）12.2.1

53．在分布式电源的配电网上进行的检修工作有何要求？

答案：在分布式电源的配电网上进行的检修工作应做好防止反送电措施。检修工作宜采取低压带电作业方式进行。

见《农村电网低压电气安全工作规程》（DL/T 477—2021）13.2

54．电动工具应满足什么要求？

答案：电动工具应做到“一机一闸一保护”。

见《农村电网低压电气安全工作规程》（DL/T 477—2021）14.1.2

55．何谓高处作业？

答案：在坠落高度基准面 2m 及以上的高处进行的作业，应视作高处作业。

见《农村电网低压电气安全工作规程》（DL/T 477—2021）14.2.1

56．哪些情况不应动火？

答案：（1）压力容器或管道未泄压前。

（2）存放易燃易爆物品的容器未清洗干净前或未有效置换前。

（3）风力达 5 级以上的露天作业。

（4）喷漆现场。

（5）遇有火险异常情况未查明原因和消除前。

见《农村电网低压电气安全工作规程》（DL/T 477—2021）14.4.2

57．哪些安全工器具应进行预防性试验？

答案：（1）规程要求试验的安全工器具。

（2）新购置和自制的安全工器具。

（3）检修后或关键零部件已更换的安全工器具。

（4）对机械、绝缘性能产生疑问或发现缺陷的安全工器具。

（5）存在质量问题的同批次安全工器具。

见《农村电网低压电气安全工作规程》（DL/T 477—2021）14.5.5

58．安全工器具使用前，应检查外观的内容有哪些？

答案：安全工器具使用前，应进行外观检查，检查内容包括：绝缘部分有无裂纹、老化、绝缘层脱落、严重伤痕，固定联结部分有无松动、锈蚀、断裂等。绝缘部分的外观有问题时，应进行绝缘试验，使用前应试验合格。

见《农村电网低压电气安全工作规程》（DL/T 477—2021）14.5.3

59．《现场勘察记录》中现场勘察的内容包含哪些？

答案：（1）工作地点需要停电的范围。

（2）保留的带电部位。

（3）作业现场的条件、环境及其他危险点。

（4）应采取的安全措施。

（5）附图与说明。

见《农村电网低压电气安全工作规程》（DL/T 477—2021）附录A

60.《现场勘察记录》中作业现场的条件、环境及其他危险点应注明哪些内容？

答案：应注明交叉、临近（同杆、并行）电力线路，多电源、自发电、有无可能反送电的设备和分支线等情况，地下管网沟道及其他影响施工作业的设施情况。

见《农村电网低压电气安全工作规程》（DL/T 477—2021）附录A

61.《现场勘察记录》中现场应采取的安全措施需要注明哪些内容？

答案：应注明接地线、绝缘遮蔽、断开点加锁、派人看守、悬挂标示牌等。

见《农村电网低压电气安全工作规程》（DL/T 477—2021）附录A

62.《现场勘察记录》中工作任务如何填写？

答案：应写明工作地点（地段）和工作内容。

见《农村电网低压电气安全工作规程》（DL/T 477—2021）附录A

63.“禁止合闸，有人工作！”标示牌悬挂在什么地方？

答案：“禁止合闸，有人工作！”标示牌悬挂在一经合闸即可送电到施工设备的隔离开关（刀闸）操作把手上。

见《农村电网低压电气安全工作规程》（DL/T 477—2021）附录H

64.“禁止合闸，线路有人工作！”标示牌悬挂在什么地方？

答案：“禁止合闸，线路有人工作！”标示牌悬挂在线路隔离开关（刀闸）把手上。

见《农村电网低压电气安全工作规程》（DL/T 477—2021）附录H

65.“在此工作！”标示牌悬挂在什么地方？

答案：“在此工作！”标示牌悬挂在工作地点或检修设备上。

见《农村电网低压电气安全工作规程》（DL/T 477—2021）附录H

66.“止步，高压危险！”标示牌悬挂在什么地方？

答案：“止步，高压危险！”标示牌悬挂在：施工地点邻近带电设备的遮栏上；室外工作地点的围栏上；禁止通行的过道上；高压试验地点；室外构架上；工作地点邻近带电设备的横梁上。

见《农村电网低压电气安全工作规程》（DL/T 477—2021）附录 H

67. “从此上下！”标示牌悬挂在什么地方？

答案：“从此上下！”标示牌悬挂在工作人员可以上下的铁架、爬梯上。

见《农村电网低压电气安全工作规程》（DL/T 477—2021）附录 H

68. “从此进出！”标示牌悬挂在什么地方？

答案：“从此进出！”标示牌悬挂在室外工作地点围栏的出入口处。

见《农村电网低压电气安全工作规程》（DL/T 477—2021）附录 H

69. “禁止攀登，高压危险！”标示牌悬挂在什么地方？

答案：“禁止攀登，高压危险！”标示牌悬挂在邻近的带电线路的电杆高压配电装置构架的爬梯上，配电变压器、电抗器等设备的爬梯上。

见《农村电网低压电气安全工作规程》（DL/T 477—2021）附录 H

附录

《农村电网低压电气安全工作规程》（DL/T 477—2021）

1 范围

本文件规定了电力生产单位和在农村电网低压电气作业现场的工作人员应遵守的基本电气安全要求。

本文件适用于运用中的1000 V及其以下农村电网低压电气设备及相关场所。农村电网低压电气建设参考使用。

注：运用中的电气设备是指全部带有电压、一部分带有电压或一经操作即带有电压的电气设备。

2 规范性引用文件

下列文件中的内容通过文中的规范性引用而构成本文件必不可少的条款。其中，注日期的引用文件，仅该日期对应的版本适用于本文件；不注日期的引用文件，其最新版本（包括所有的修改单）适用于本文件。

GB 2894　安全标志及其使用导则

GB/T 2900.50—2008　电工术语　发电、输电及配电　通用术语

DL/T 1476　电力安全工器具预防性试验规程

DL 5027　电力设备典型消防规程

3 术语和定义

GB/T 2900.50—2008界定的以及下列术语和定义适用于本文件。

3.1

低［电］压　low voltage; LV

用于配电的交流电力系统中 1000 V 及其以下的电压等级。

［来源：GB/T 2900.50—2008，601-01-26］

3.2

高［电］压　high voltage; HV

a） 通常指超过低压的电压等级。

b） 特定情况下，指电力系统中输电的电压等级。

［来源：GB/T 2900.50—2008，601-01-27］

3.3

故障紧急抢修　the manipulating of the emergencies

对于可能造成人身触电、使设备故障扩大、引发系统故障、导致电气火灾等类故障的紧急处理。

3.4

低压带电作业　low voltage live working

与带电体非直接接触，即手持绝缘工具对低压带电体作业。

4　作业要求

4.1　工作人员

4.1.1　经医师鉴定，无妨碍工作的病症（体格检查每两年至少一次）。

4.1.2　具备必要的安全生产知识和技能，从事电气作业的人员应掌握触电急救等紧急救护法。

4.1.3　具备必要的电气知识和业务技能，熟悉管辖的电气设备，按工作性质熟悉本文件的有关部分。

4.1.4　作业人员对本文件应每年考试一次。间断低压电气工作连续六个月以上者恢复工作前，应重新学习本文件，并经考试合格。

4.1.5　新参加电气工作的人员、实习人员和临时参加劳动的人员（管理人员、非全日制用工等）进入现场参加指定工作前，应经过安全知识教育。上述人员不应单独工作。

4.1.6　各单位应发布可单人工作的人员和范围。

4.1.7　进入作业现场应正确佩戴安全帽，现场作业人员还应穿全棉长袖工作服、绝缘鞋。

4.2　作业现场

4.2.1　作业现场的生产条件、安全设施、作业机具和安全工器具等应符合国家及行业标准规定的要求，安全工器具和劳动防护用品在使用前应确认合格、齐备。

4.2.2　经常有人工作的场所及施工车辆上宜配备急救箱、存放急救用品，并指定专人检查、补充或更换。

4.3　其他要求

4.3.1　农村电网低压电气工作应做好安全风险管控。

4.3.2　作业人员应被告知作业现场和工作岗位存在的危险因素、防范措施及事故应急措施。

4.3.3　任何人发现有违反本文件的情况，应立即制止，经纠正后才能恢复作业。

4.3.4　作业人员有权拒绝违章指挥和强令冒险的作业；在发现直接危及人身、电网和设备安全的紧急情况时，有权停止作业或在采取可能的紧急措施后撤离作业场所，并立即报告。

4.3.5　在采用新工艺、新技术、新材料或使用新设备时，应了解、掌握其安全技术特性，采取有效的安全防护措施，并对作业人员进行专门的安全生产教育和培训。

4.3.6　需高压线路、设备采取安全措施的工作应按照国家和行业的有关规定执行。

5 安全组织措施

5.1 农村电网低压电气设备上工作的安全组织措施

农村电网低压电气设备上工作的安全组织措施如下：

a）现场勘察制度；

b）工作票制度；

c）工作许可制度；

d）工作监护制度；

e）工作间断制度；

f）工作终结和恢复送电制度。

5.2 现场勘察制度

5.2.1 下列工作的工作票签发人或工作负责人应根据工作任务组织现场勘察，并做好记录（见附录A）：

a）架设和撤除线路；

b）跨越铁路、公路、河流的线路作业；

c）工作地段有邻近、交叉、穿越、平行的高压电力线路的作业；

d）工作票签发人或工作负责人认为有必要现场勘察的其他作业。

5.2.2 现场勘察应查看现场作业范围内设施情况，现场作业条件、环境及危险点，应停电的设备、保留或邻近的带电部位、可能反送电的设备和分支线等。

5.2.3 现场勘察结果作为填写、签发工作票的依据。对危险性、复杂性和困难程度较大的作业项目，应制订有针对性的施工方案。

5.3 工作票制度

5.3.1 在农村电网低压电气设备上工作，应按下列方式之一进行：

a）填用电气第一种工作票（见附录 B）；

b）填用电气第二种工作票（见附录 C）；

c）使用其他书面记录、电子信息或按口头、电话命令执行。

5.3.2 需要高压线路、设备配合停电的农村电网低压电气工作，填用电气第一种工作票。

5.3.3 与高压设备的距离大于表 1 规定的安全距离，不需要高压线路、设备配合停电的农村电网低压电气工作，填用电气第二种工作票。

表 1 高压线路、设备不停电时的安全距离

电压等级 kV	安全距离 m
10 及以下（高压）	0.7
20、35	1.0
66、110	1.5
220	3.0
330	4.0
500	5.0
750	7.2
1000	8.7
±50	1.5
±400	5.9
±500	6.0
±660	8.4
±800	9.3
±1100	16.2

注 1：±400 kV 数据按海拔 3000 m 校正，750 kV 数据按海拔 2000 m 校正，其他电压等级数据按海拔 1000 m 校正。

注 2：表中未列电压等级按高一档电压等级的安全距离执行。

5.3.4 故障紧急抢修可不填用工作票，应有书面记录。非连续进行的故障抢修工作应使用工作票。

5.3.5 使用其他书面记录、电子信息或按口头、电话命令执行应符合下列要求：

a）可使用其他书面记录、电子信息或按口头、电话命令执行的农村电网低压电气设备上的工作有：

1）不会触及低压带电线路的修剪树木工作。

2）低压电杆底部和基础等地面检查、消缺、培土工作。

3）不会触及低压带电线路的在低压电杆上涂写杆号或用电标语，安装标志牌等工作。

4）在住宅照明回路上的工作。

5）低压计量装置上的工作。

6）单一电源低压分支线的停电工作。

b）书面记录包括作业指导书（卡）、派工单、任务单、工作记录等。

c）电子信息包括使用电子邮件、短信、即时通信等方式传递的数字化的文字、图像、音频、视频等信息。

d）按口头、电话命令执行应留有录音或书面记录。

5.3.6 工作票应符合下列要求：

a）工作票的填写：

1）工作票应使用统一的票面格式。

2）工作票应使用计算机生成或打印，或使用黑色/蓝色的钢（水）笔、圆珠笔手工填写，内容应正确、清楚，不应随意涂改。如有个别错、漏字需要修改，应使用规范的符号，字迹应清楚。

3）高压线路、设备同时停、送电的低压线路、设备工作，可填用一张电气第一种工作票。

4）不需要高压线路、设备配合停电的相同类型、相同安全措施的数条低压线路、数个低压设备工作，可填用一张工作票。

b）工作票的签发：

1）工作票执行前应由工作票签发人签发。

2）工作票由设备运行维护单位签发或由经设备运行维护单位审核合格并批准的其他单位签发。

3）承发包工程中，工作票可实行双方签发形式。签发工作票时，双方工作票签发人在工作票上分别签名，各自承担相应的安全责任。

4）工作票一份交工作负责人，另一份交工作票签发人或工作许可人。在工作期间，工作票应始终保留在工作负责人处。

c）工作票的执行：

1）一个工作负责人不应同时执行两张及以上工作票。

2）若一张工作票下设多个小组工作，每个小组应指定小组负责人（监护人），并办理工作任务单（见附录D）。

3）工作任务单应写明工作任务、停电范围、工作地段的起止杆号、安全措施等。工作任务单一式两份，由工作负责人签发、许可，一份留存，一份交小组负责人执行。小组工作结束后，由小组负责人交回工作任务单，向工作负责人办理工作结束手续。

4）一回线路检修或施工，邻近或交叉的其他电力线路需配合停电和接地时，应在工作票中列入相应的安全措施。若配合停电线路属于其他单位，应由检修单位事先书面申请，经配合停电线路的设备运行维护单位同意，并停电、接地。

5）工作负责人、工作许可人任何一方不应擅自变更安全措施，工作中如有特殊情况需要变更时，应先取得对方及工作票签发人同意，变更情况记录在工作票的备注栏内。

d）工作票的有效期和延期：

1）工作票的有效时间，以批准的检修期为限。

2）工作票需办理延期手续，应在有效时间尚未结束以前由工作负责人向工作许可人（第二种工作票为工作票签发人）提出申请，经同意后给予办理。工作票的延期只能办理一次。

e）已执行的工作票、工作任务单、书面记录和电子信息应保存一年。

5.3.7 工作票所列人员应符合下列基本条件：

a）工作票签发人应由熟悉人员技术水平、熟悉管辖范围内的设备情况、熟悉本文件，并具有相关工作经验，经本单位批准的人员担任。

b）工作负责人应由有本专业工作经验、熟悉本文件、熟悉工作班成员的工作能力、熟悉工作范围内的设备情况，经本工区（车间）批准的人员担任。

c）工作许可人应由熟悉农村电网低压电气网络接线方式、熟悉工作范围内的设备情况、熟悉本文件，经本工区（车间）批准的人员担任。

d）检修单位的工作票签发人、工作负责人名单应事先送设备运行维护单位备案。

5.3.8 工作票所列人员的安全责任如下：

a）工作票签发人：

1）确认工作必要性和安全性；

2）确认工作票上所列安全措施正确、完备；

3）确认所派工作负责人和工作班人员适当、充足。

b）工作负责人（监护人）：

1）正确、安全地组织工作；

2）确认工作票上所列安全措施正确、完备，符合现场条件，必要时予以补充；

3）工作前向工作班全体成员告知危险点，交待工作任务、安全措施，并确保每个工作班成员都已确认；

4）组织执行工作票所列需由工作班布置的安全措施；

5）督促、监护工作班成员遵守本文件，正确使用安全工器具、劳动防护用品，执行现场安全措施。

c）工作许可人：

1）确认工作票所列安全措施正确、完备，符合现场条件；

2）确认由其负责的停、送电和许可工作的命令正确；

3）确认由其负责的安全措施正确实施。

d）专责监护人：

1）明确被监护人员和监护范围；

2）工作前对被监护人员交待安全措施、告知危险点和安全注意事项；

3）监督被监护人员遵守本文件和现场安全措施，及时纠正不安全行为。

e）工作班成员：

1）熟悉工作内容、工作流程，掌握安全措施，明确工作中的危险点，并履行确认手续；

2）遵守安全规章制度、技术规程和劳动纪律，执行安全规程和实施现场安全措施，对自己在工作中的行为负责；

3）正确使用安全工器具和劳动防护用品。

5.4 工作许可制度

5.4.1 填用电气第一种工作票的工作，工作负责人下令开始工作前应得到全部工作许可人的许可。

5.4.2 填用电气第二种工作票时，可不履行工作许可手续。如履行工作许可手续，工作负责人下令开始工作前应得到全部工作许可人的许可。

5.4.3 许可开始工作的命令，应通知工作负责人。其方法可采用：

a）电话下达；

b）电子信息下达；

c）当面下达；

d）派人送达。

5.4.4 工作许可人发出许可下一步工作的命令前，应完成由其负责的安全措施，并向工作负责人逐项交代。工作许可人和工作负责人应分别在工作票上签名，记录许可时间。

5.4.5 工作许可后，任何人不应擅自变更有关检修线路和设备的运行方式。

5.4.6 工作负责人应向工作班成员交待工作内容、现场安全措施、带电部位和其他注意事项，工作班成员应履行确认手续。

5.4.7 工作负责人发出开始工作的命令前，应确认工作票所列安全措施已全部完成。工作负责人发出开始工作的命令后，应在工作票上签名，记录开始工作时间。

5.4.8 不应约时停、送电。

5.5 工作监护制度

5.5.1 工作票签发人或工作负责人，应根据现场的安全条件、施工范围、工作需要等具体情况，增设专责监护人、确定被监护的人员。

5.5.2 工作期间，工作负责人、专责监护人应始终在工作现场，对工作班成员进行监护。

5.5.3 低压线路、设备停电工作时，工作负责人在工作班成员确无触电等危险的情况下，可一起参加工作，但专责监护人不应兼做其他工作。

5.5.4 工作负责人如需临时离开现场，应指定能胜任的人员临时代替；工作负责人离开前必须将工作现场的情况交代清楚，通知全体工作人员，并在工作票中书面备注。原工作负责人返回工作现场时，应履行同样的交接手续。

5.5.5 工作负责人需长时间离开现场，应办理工作负责人变更手续，变更工作负责人应经工作票签发人批准，并通知全体工作人员和工作许可人。原、现工作负责人应履行必要的交接手续。

5.5.6 专责监护人临时离开现场时，应通知被监护人员停止工作或离开工作现场，待专责监护人回来后恢复工作。若专责监护人必须长时间离开工作现场，应由工作负责人变更专责监护人，履行变更手续，并告知全体被监护人员。

5.6 工作间断制度

5.6.1 在工作中遇雷、雨、大风等恶劣气象条件或其他威胁工作人员安全的情况时，工作负责人或专责监护人应下令停止工作。

5.6.2 工作间断时，工作地点的全部安全措施可保留不变。若工作班需暂时离开工作地点，应采取安全措施，必要时应派专人看守。恢复工作前，应检查安全措施是否完整。

5.6.3 填用数日内有效的电气第一种工作票，每日收工时若将工作地点所装的接地线拆除，次日恢复工作前应重新验电、接地。经设备运行维护单位批准的连续停电、夜间不送电的线路或设备，工作地点的接地线可不拆除，次日恢复工作前应派人检查。

5.7 工作终结和恢复送电制度

5.7.1 完工后，工作负责人（包括专责监护人、小组负责人）应检查清理现场，确认线路或设备上没有遗留的工具、材料等，确认全部工作人员已从线路或设备上撤离后，再下令拆除工作地段所装设的接地线等安全措施。接地线等安全措施拆除后，应认为线路或设备带电，不准任何人再登杆或在设备上工作。多个小组工作，工作负责人办理工作终结手续前应得到所有小组负责人工作结束的汇报。

5.7.2 工作终结后，工作负责人应及时报告工作许可人，报告方式分为当面报告、电话报告和电子信息报告；当面报告和电话报告应经复诵无误，电子信息报告应回复确认无误。若有其他单位配合停电的线路，还应及时通知配合停电线路的运行维护单位指定的联系人。

5.7.3 工作终结的报告内容应包括工作负责人姓名、完工的线路/设备名称、线路区段、设备改动情况，并说明工作地点所装设的接地线等安全措施已全部拆除，线路/设备上已无本班组工作人员和遗留物。

5.7.4 工作许可人接到所有工作负责人的终结报告，在下令拆除各侧安全措施、恢复送电前，应确认全部工作已经完毕，所有工作人员已从线路/设备上撤离，接地线已全部拆除，并核对无误。

6 安全技术措施

6.1 一般要求

6.1.1 在线路、设备上工作，应有停电、验电、接地、悬挂标示牌等保证安全的技术措施。

6.1.2 作业使用的绝缘安全工器具应符合附录 F 的要求。

6.1.3 作业前应对没有接地的线路、设备验电。

6.2 停电

6.2.1 工作地点需要停电的线路、设备：

a） 检修的线路、设备；

b） 作业过程中人体和非绝缘工具可能触及带电裸露部位的线路、设备；

c）其他需要停电的线路、设备。

6.2.2　停电的线路、设备的各端，应有明显断开点或断开指示。

6.2.3　难以做到与电源完全断开的检修线路、设备，可拆除其与电源之间的电气连接。

6.3　验电

6.3.1　在线路、设备上装设接地线前，应在接地部位验明线路、设备确无电压。应使用相应电压等级的接触式验电器或测电笔。室外使用的验电器宜具备声光功能。验电前，验电器或测电笔应在有电设备上试验，确证验电器或测电笔良好。

6.3.2　不应仅以设备分合位置的指示、电压表指示零位、电源指示灯熄灭、电动机不转动、电磁线圈无电磁响声及变压器无响声等单一现象变化作为判断设备已停电的依据。

6.3.3　杆上线路验电时，应先验下层，后验上层；先验近侧，后验远侧。

6.4　接地

6.4.1　经验明停电线路或设备各端确无电压后，应立即装设接地线并各相（含中性线）短路接地，同杆架设的路灯线也应接地。工作地段各端和可能送电到停电线路的分支线均应接地。

6.4.2　装设接地线应先接接地端，后接导线端。接地线应接触良好，连接可靠。不应用缠绕方法进行接地或短路。同杆架设的多层线路装设接地线时，应先装设下层、后装设上层，先装设近侧、后装设远侧。拆除时次序相反。人体不应接触接地线或未接地的导体。

6.4.3　无法接地时，可采取绝缘遮蔽（包裹）、断开点加锁悬挂标示牌或派人看守的安全措施。

6.4.4　当停电检修的线路或设备有感应电时，应在检修的线路工作地段或设备上加装接地线。

6.4.5 成套接地线应使用有透明护套的多股软铜线和专用线夹组成，应满足装设地点短路电流的要求，其截面面积不应小于16 mm^2。接地线应配备绝缘杆或绝缘部件。

6.4.6 在无接地引下线的电杆装设接地线时，可采用临时接地体。临时接地体的截面面积不应小于190 mm^2。临时接地体埋深不应小于0.6 m。土壤电阻率较高的地方应采取措施改善接地电阻。

6.4.7 电缆及电容器接地前应逐相充分放电，装在绝缘支架上的电容器外壳也应放电。星形接线电容器的中性点应接地。

6.4.8 工作人员或其他人员不应擅自移动已装设好的接地线。

6.4.9 拆开的引线、断开的线头应采取绝缘包裹等遮蔽措施。

6.5 悬挂标示牌

6.5.1 在一经合闸即可送电到工作地点的断路器（开关）、刀开关、熔断器等操作处，应悬挂“禁止合闸，线路有人工作！”或“禁止合闸，有人工作！”的标示牌。

6.5.2 任何人不应擅自移动或取下标示牌。

6.5.3 标示牌式样应符合附录H的要求。

7 低压带电作业

7.1 一般要求

7.1.1 低压带电作业时，作业范围内电气回路的剩余电流动作保护装置（剩余电流动作保护器）应投入运行。

7.1.2 户外低压带电作业，应在天气良好的条件下进行。

7.1.3 作业人员应戴手套和护目镜，站在干燥的绝缘物上。

7.1.4 人体不应同时接触两根线头。

7.1.5 低压带电作业应使用有绝缘柄的工具，不应使用锉刀、金属尺和带有金属物的毛刷、毛掸等工具。

7.1.6 拆开的引线、断开的线头应采取绝缘包裹等措施。

7.2 带电低压配电设备上工作

7.2.1 在带电低压配电设备上工作时，应采取防止相间短路和单相接地的绝缘隔离措施。

7.2.2 带电断开低压配电盘或接线箱中的电压表和电能表的电压回路时，应采取防止短路或接地的措施。在带电的电流互感器二次回路上工作，应采取防止电流互感器二次侧开路的措施。

7.3 带电低压线路上工作

7.3.1 上杆前，应先分清相线、中性线，选好工作位置。断开导线时，应先断开相线，后断开中性线。搭接导线时，顺序相反。

7.3.2 高低压线路同杆架设，在带电低压线路上工作时，应先检查并保持与高压导线的安全距离。作业人员不应穿越未采取绝缘措施的低压带电导线。

7.3.3 更换户外熔断器的熔丝或拆搭接头时不应带负荷。

8 线路、设备运行与维护

8.1 一般要求

线路巡视、操作、电杆及设备维护和测量、砍剪树木等线路、设备运行与维护作业不应触碰线路、设备裸露带电部位。

8.2 巡视

8.2.1 单人巡线时，不应攀登电杆或配电变压器台架。

8.2.2 恶劣气象条件下和故障巡线时，应配备必要的防护用具、自救器具和药品。夜间巡线应携带足够的照明工具。

8.2.3 夜间巡线应沿线路外侧进行，大风天气巡线应沿线路上风侧前进。特殊巡线应注意选择路线，防止洪水、塌方、恶劣气象条件等对人的伤害。

8.2.4　故障巡线应始终认为线路带电。巡线人员发现导线、电缆断落地面或悬挂空中，应防止人员靠近断线地点，并迅速切断故障点的电源。

8.2.5　接触金属门前应验电，确认无电。巡视完毕后，应随手关闭配电室（箱）门并上锁。

8.3　电气操作

8.3.1　电气操作应有操作依据。

8.3.2　电气操作可填用低压电气操作票（见附录E）。操作票由操作人员填写，每份操作票只能用于一个操作任务。不填用操作票的电气操作应做好记录。

8.3.3　操作前应检查核对现场设备的名称、编号和状态。操作后应检查各相的实际位置，无法观察实际位置时，可通过间接方式确认该设备已操作到位。

8.3.4　电气操作顺序：停电时应先断开断路器（开关），后拉开刀开关或熔断器；送电时与上述顺序相反。

8.3.5　以投切熔件的方法对线路进行送(停)电操作时应戴手套，不应带负荷操作。

8.3.6　雷电时，不应进行就地电气操作和更换熔丝。

8.3.7　操作时如发现疑问或发生故障，应停止操作。在继续操作前，应把问题查清、处理。

8.3.8　发生严重危及人身安全的情况时，可不等待指令即断开电源，事后应立即报告。

8.4　测量工作

8.4.1　直接接触设备的电气测量工作宜由两人进行，测量人员应了解测量仪表的性能、使用方法和正确接线，熟悉测量工作的安全措施及注意事项。夜间测量时，应有足够的照明。

8.4.2　测量电压、电流时，应在无雷雨天气下进行，应戴手套，不应触及其他带电部位。测量中不应带电转换测量仪表的量程。

8.4.3 电压测量工作，应在容量相对较小的开关上、熔丝的负荷侧进行。

8.4.4 使用钳形电流表测量应防止相间短路。

8.4.5 测量设备绝缘电阻前，应将被测量设备各侧断开，验明无电压，确认设备上无人。在测量中不应让他人接近被测量设备。测量前后，应将被测设备对地放电。

8.5 砍剪树木

8.5.1 上树或邻近带电线路、设备砍剪树木时应有人监护。砍剪邻近带电线路的树木时，工作负责人在工作前，应向全体工作人员说明线路有电，不应攀登电杆，树木、绳索不应接触导线。

8.5.2 砍剪树木时，应防止马蜂等昆虫或动物伤人。上树时，不应攀抓脆弱或枯死的树枝，并使用安全带。安全带不应系在待砍剪树枝的断口附近或以上。不应攀登已经锯过或砍过的未断树木。

8.5.3 为防止树木（树枝）倒落在导线上，应用绳索将其拉向与导线相反的方向。绳索应有足够的长度，以免拉绳的人员被倒落的树木砸伤，并防止砸伤行人。砍剪山坡树木应做好防止树木向下弹跳接近导线的措施。

8.5.4 人员、树木、绳索及树木倒下过程应与高压带电导线保持表 2 规定的安全距离。如不能保持安全距离，应采取将相关线路停电等安全措施。

表 2 邻近或交叉其他电力线作业的安全距离

电压等级 kV	安全距离 m
10 及以下（高压）	1.0
20、35	2.5
66、110	3.0
220	4.0

表 2（续）

电压等级 kV	安全距离 m
330	5.0
500	6.0
750	9.0
1000	10.5
±50	3.0
±400	8.2
±500	7.8
±660	10.0
±800	11.1
±1100	18.0
注 1：±400 kV 数据按海拔 3000 m 校正，750 kV 数据按海拔 2000 m 校正，其他电压等级数据按海拔 1000 m 校正。 注 2：表中未列电压等级按高一档电压等级的安全距离执行。	

8.5.5　风力超过 5 级时，不应砍剪高出或接近导线的树木。

8.5.6　使用油锯或电锯的作业，应先检查所能锯到的范围内有无铁钉等金属物件，以防金属物体飞出伤人。

9　架空线路作业

9.1　一般要求

9.1.1　线路作业应在良好的天气下进行，遇有恶劣气象条件时，应停止工作。

9.1.2　垂直交叉作业时，应采取防止落物伤人的措施。

9.2　坑洞开挖

9.2.1　挖坑前，应确认地下管道、电缆等设施的确切位置，并做好防护措施。

9.2.2 挖坑时，应及时清除坑口附近浮土、石块，外人不应在坑边逗留。在超过 1.5 m 深的基坑内作业时，向坑外抛掷土石应防止土石回落坑内，并做好临边防护措施。作业人员不应在坑内休息。

9.2.3 在土质松软处挖坑，应采取加挡板、撑木等防止塌方的措施。不应站在挡板、撑木上传递土石或放置传土工具。不应由下部掏挖土层。

9.2.4 在下水道、煤气管线、潮湿地、垃圾堆、沼气池或有腐质物等附近工作时，应有防止中毒及煤气、沼气爆炸的措施。在挖深超过 2 m 坑内作业时应采取安全措施，如向坑中送风、检测易燃易爆及有毒气体含量、戴防毒面具等。

9.2.5 在居民区及交通道路附近开挖的基坑，应设坑盖或可靠遮栏，加挂警告标示，夜间宜设置警示光源。

9.2.6 在石坑、冻土坑打眼或打桩时，打锤人应站在扶钎人侧面，不应戴手套；扶钎人应戴手套及其他护具。钎头有开花现象时，应及时修理或更换。

9.3 电杆施工

9.3.1 立、撤杆应设专人统一指挥。开工前，应交待施工方法、指挥信号和安全措施。立、撤杆过程中，除指挥人及指定人员外，其他人员应与电杆至少保持 1.2 倍杆高的距离。应采用拉绳、叉杆等防止杆身倾斜。

9.3.2 有人居住区域和交通道路附近立、撤杆时，应设警戒范围或警告标示。

9.3.3 顶杆及叉杆只能用于竖立 8 m 以下的拔梢杆，不应用铁锹、木桩等代用。立杆前，应开好“马道”，作业人员应均匀分布在电杆两侧。

9.3.4 利用已有电杆立、撤杆，应先检查电杆根部、拉线和电杆的强度，必要时增设临时拉线或其他补强措施。

9.3.5　使用吊车立、撤杆时，起吊点和起重机械位置应选择适当。起吊前，应检查各受力和连接部位全部满足要求。立、撤杆过程中，吊件垂直下方、受力钢丝绳的内角侧不应有人。撤杆时，应检查无卡盘或障碍物后再试拔。

9.3.6　使用抱杆立、撤杆时，抱杆下部应固定牢固，顶部应设临时拉线控制，临时拉线应均匀调节。

9.3.7　已经起立的电杆，在撤去抱杆（叉杆）及拉绳前，杆基应回填夯实。

9.3.8　在撤杆工作中，拆除杆上导线前应先检查杆根和拉线，挖坑前应先绑好拉绳，并做好防止倒杆的措施。

9.3.9　在带电设备附近进行立、撤杆时，电杆、拉线、临时拉线与高压带电设备的距离应符合表 2 的规定，且有防止立、撤杆过程中拉线跳动和电杆倾斜接近带电导线的措施。不能保持表 2 规定的安全距离时，应停电或采取其他可靠的隔离措施进行。

9.3.10　牵引时，不应利用树木或外露岩石作受力桩，临时拉线不应固定在可能移动或其他不可靠的物体上。一个锚桩上的临时拉线不应超过两根。拆除临时拉线前，永久拉线应全部安装完毕并承力。电杆上有人工作时，不应调整或拆除拉线。

9.4　电杆上作业

9.4.1　新立电杆在杆基未完全牢固或做好临时拉线前，不应攀登。

9.4.2　登杆前，应做好下列工作：

a）核对线路的名称和杆号；

b）检查杆根、杆身、基础和拉线牢固；

c）检查电杆上是否有影响攀登的附属物；

d）遇有冲刷、起土、上拔或导线、拉线松动的电杆，应先培土加固，打好临时拉线或支好杆架；

e）检查脚扣、升降板、安全带、梯子和脚钉、爬梯等登高工具和设施是否完整牢固。

9.4.3 攀登有覆冰、积雪、积霜、雨水的电杆，应采取防滑措施。

9.4.4 登杆或下杆不应携带器材。上杆不应利用绳索、拉线，下杆不应顺杆下滑。

9.4.5 雷电时，不应在线路电杆上作业。

9.5 放线、紧线与撤线

9.5.1 放线、紧线和撤线工作应有专人指挥、统一信号，并做到通信畅通、加强监护。工作前应检查放线、紧线和撤线工具及设备良好。

9.5.2 交叉跨越线路、铁路、公路、河流等放、撤线前，应采取搭设跨越架、封航、封路等安全措施。

9.5.3 放线前，应检查导线与牵引绳可靠连接，线盘架应安放稳固、转动灵活、制动可靠，并派专人负责看守线盘。发现异常情况应立即发信号停止工作。

9.5.4 放线、紧线前，应检查导线无障碍物挂住。紧线时，应检查接线管或接线头以及过滑轮、横担、树枝、房屋等处无卡住现象。如遇导线有卡、挂住现象，应松线后处理。处理时操作人员应站在卡线处外侧，采用工具、大绳等撬、拉导线。不应用手直接拉、推导线。

9.5.5 紧线、撤线前，应检查拉线、桩锚及电杆位置正确、牢固。必要时，应加固桩锚或增设临时拉线。

9.5.6 放线、紧线作业过程中，应采取防止导线绝缘层破损的措施。

9.5.7 放线、紧线与撤线时，工作人员不应站或跨在已受力的牵引绳、导线的内角侧、展放的导线圈内以及牵引绳或架空线的垂直下方。

9.5.8 放线、紧线与撤线时，应采取措施防止导线由于摆（跳）动或其他原因而与带电导线间的距离不符合表2的规定。

9.5.9 撤线不应采用突然剪断导线的方法。

10 电缆作业

10.1 一般要求

10.1.1 在电力电缆的沟槽开挖、电缆安装、运行、检修、维护和试验等工作中，作业环境应满足安全要求。

10.1.2 工作前应核对电缆标志牌的名称与工作票所列相符，安全措施正确可靠。

10.1.3 在电缆故障查找中使用电缆故障声测定点时，禁止直接用手触摸电缆外皮或冒烟小洞，以免触电。

10.2 电缆施工

10.2.1 开启电缆井井盖、电缆沟盖板时应使用专用工具，开启后应设置标准围栏围起。工作人员撤离电缆井后，应立即将井盖盖好。

10.2.2 进入电缆井前，应先用通风机排除浊气，再用气体检测仪检查井内的易燃易爆及有毒气体的含量是否超标。电缆沟的盖板开启后，工作前应自然通风一段时间。电缆井工作时，通风机应保持常开，保证空气流通。

10.2.3 电缆直埋敷设施工前应开挖足够数量的样洞和样沟，以确定电缆敷设位置、确保不损坏运行电缆和其他地下管线。不应使用大型机械开挖。

10.2.4 掘路施工应装设坑盖、遮栏或加挂警告标示。夜间宜设置警示光源。

10.2.5 沟槽开挖应采取防止土层塌方的措施。在挖出的土堆起的斜坡上，不应放置工具、材料等杂物。沟边应留有走道。

10.2.6　非开挖施工应采取下列安全措施：

a）施工前，应探明地下管线及设施的相对位置；

b）非开挖的通道，应与地下管线及设施保持足够的安全距离；

c）通道形成的同时，施工区域应及时采取灌浆等防止路基沉降的措施。

10.2.7　电缆开断前，应确认电缆无电，并可靠接地。

10.2.8　电缆施工作业完成后应封堵穿越过的孔洞。

11　配电及装表接电作业

11.1　一般要求

11.1.1　在接触金属配电箱、电表箱前，应用验电器或测电笔确认无电。作业完毕后，应随手关闭配电室（箱）门并上锁。

11.1.2　发现配电箱、电表箱箱体带电时，应断开上一级电源，查明带电原因，并作相应的处理。

11.1.3　电容器停电工作，应先断开电容器的电源，逐相充分放电，并装设接地线。

11.2　装表接电

11.2.1　装（拆）不经电流互感器的电能表、电流表时，线路不应带负荷。

11.2.2　电能表与电流互感器配合安装时，应采取防止电流互感器二次侧开路的安全措施。

12　邻近带电导线的工作

12.1　工作类型

邻近带电导线的工作主要包含带电线路电杆上的工作、邻近或交叉其他电力线路的工作，以及同杆架设多回线路的工作。

12.2 带电线路电杆上的工作

12.2.1 在带电线路电杆上工作，应在带电线路的下方。如处理水泥杆裂纹、加固拉线、拆除鸟窝、紧固螺钉、查看导线金具和绝缘子等工作。如需穿越带电线路进行上述工作，下层线路应停电、接地或采取绝缘遮蔽措施。

12.2.2 作业人员活动范围及其携带的工具、材料等不应触及带电导线，如不能保证，应按照低压带电作业要求或停电进行。

12.2.3 风力大于5级时应停止带电线路电杆上的工作。

12.2.4 对带电线路电杆进行拉线加固，应采用调整拉线下把的绑扎或补强的方式，且不应将连接处松开。

12.3 邻近或交叉其他电力线路的工作

12.3.1 停电检修的线路如与另一回高压带电线路交叉或接近，工作时可能与另一回导线接触或接近至表2规定的安全距离以内，则另一回线路也应停电并采取安全措施。工作中应采取防止损伤另一回线路的措施。

12.3.2 如邻近或交叉的线路不能停电，应遵守以下规定：

a） 采取有效措施，使人体、导线、施工机具、牵引绳索和拉绳等与高压带电导线符合表2规定的安全距离；

b） 作业的导线应在工作地点接地，绞车等牵引工具也应接地；

c） 在带电线路下面的停电检修线路，可在线路交叉档内进行松紧、降低或架设导线等工作，并应采取防止导线跳动或过牵引而碰触低压带电导线或与高压导线接近、小于表2规定的安全距离的措施。

12.3.3 为防止登杆作业人员误登杆而造成人身触电事故，与检修线路邻近的带电线路的电杆上应挂“禁止攀登，有电危险！”的标示牌，或派人看守。

12.4 同杆架设多回线路中部分线路停电的工作

12.4.1 电杆上工作时，人体活动范围及其携带的工具、材料等与上层带电高压线路的距离应满足表3规定的安全距离。

表3 在带电线路杆塔上作业与带电线路及其他带电体的最小安全距离

电压等级 kV	安全距离 m
10及以下（高压）	0.7
20、35	1.0
66、110	1.5
220	3.0
330	4.0
500	5.0
750	8.0
1000	9.5
±50	1.5
±400	7.2
±500	6.8
±660	9.0
±800	10.1
±1100	17.0

注1：±400 kV数据按海拔3000 m校正，750 kV数据按海拔2000 m校正，其他电压等级数据按海拔1000 m校正。
注2：表中未列电压等级按高一档电压等级的安全距离执行。

12.4.2 绑线应绕成小盘后再带上电杆使用。不应在电杆上卷绕或展开绑线。

12.4.3 在线路一侧起吊或向下放落工具、材料等物体时，应使用绝缘绳传递，物件与带电导线的安全距离应符合表2的要求。

12.4.4　同杆塔架设的多回线路，下层线路带电时，上层线路不应进行放、撤导(地)线的工作。上层线路带电时，下层线路放、撤导（地）线应保持表 2 规定的安全距离，采取防止导（地）线产生跳动或过牵引而与带电导线接近至危险范围的措施。

13　有分布式电源的配电网上工作

13.1　一般要求

13.1.1　接入配电网的分布式电源，并网点应装设具有开断指示、具备开断故障电流能力的开断设备。变流器类型分布式电源的并网专用开断设备还应具有失压跳闸和有压合闸功能。

13.1.2　装设于配电变压器母线处的反孤岛装置，与总开关、母线联络开关间应具备操作闭锁功能。

13.2　检修工作

13.2.1　检修工作应做好防止反送电措施。

13.2.2　检修工作宜采取低压带电作业方式进行。

14　其他相关安全要求

14.1　一般要求

14.1.1　发生电气设备火灾时，应立即切断有关设备的电源，然后进行灭火。

14.1.2　检修动力电源箱的支路开关应加装剩余电流动作保护装置，并定期检查和试验。连接电动机械及电动工具的电气回路应单独装设开关或插座，并装设剩余电流动作保护装置，金属外壳应接地或接零。电动工具应做到“一机一闸一保护”。

14.1.3　在城区、人口密集区、通行道路上或交通道口作业时，工作场所周围应装设遮栏，并在相应部位装设交通警示牌。

14.1.4　工作场所的照明应满足作业要求。

14.2 高处作业

14.2.1 在坠落高度基准面 2 m 及以上的高处进行的作业，应视作高处作业。

14.2.2 在没有脚手架或在没有栏杆的脚手架上工作，高度超过 1.5 m 时，应使用安全带，或采取其他可靠的安全措施。

14.2.3 安全带的挂钩或绳子应挂在结实牢固的构件上，并应采用高挂低用的方式。应防止安全带从杆顶脱出或被锋利物损伤。

14.2.4 高处作业应使用工具袋，较大的工具应固定。上下传递物件应用绳索拴牢传递，不应上下抛掷。

14.2.5 在高处作业现场，工作人员不应站在作业处的垂直下方，高空落物区不应有无关人员逗留或通过。

14.2.6 在使用梯子时，应采取防滑措施并设专人扶持。梯子不宜绑接使用。带电作业或邻近带电设备作业时，不应使用非绝缘的梯子。

14.3 起重作业与运输

14.3.1 在起吊、牵引过程中，受力钢丝绳的周围、上下方、内角侧，以及起吊物和吊臂的下面，不应有人逗留或通过。

14.3.2 在电力设备附近进行起重作业，起重机械臂架、吊具、辅具、钢丝绳及吊物等与架空线路及其他带电体的距离不应小于表 4 规定的最小安全距离。

表 4 与架空线路及其他带电体的最小安全距离

电压等级 kV	安全距离 m
＜1	1.5
1～20	2.0
35～110	4.0

表 4（续）

电压等级 kV	安全距离 m
220	6.0
330	7.0
500	8.5
750	11.0
1000	13.0
±50	5.0
±400	9.7
±500	10.0
±660	12.0
±800	13.1
±1100	20.0
注 1：±400 kV 数据按海拔 3000 m 校正，750 kV 数据按海拔 2000 m 校正，其他电压等级数据按海拔 1000 m 校正。 注 2：表中未列电压等级按高一档电压等级的安全距离执行。	

14.3.3　装运电杆、变压器和线盘应用绳索绑扎牢固，混凝土杆、线盘应塞牢，防止滚动或移动。装运超长、超高或重大物件时，物件重心应与车厢承重中心基本一致，超长物件尾部应设标志。

14.4　动火工作

14.4.1　在防火重点部位或场所以及禁止明火区动火作业，应严格执行 DL 5027 的有关规定，填用动火工作票。

14.4.2　下列情况不应动火：

a）压力容器或管道未泄压前；

b）存放易燃易爆物品的容器未清洗干净前或未有效置换前；

c）风力达 5 级以上的露天作业；

d）喷漆现场；

e）遇有火险异常情况未查明原因和消除前。

14.5 施工机具及安全工器具的使用、保管和试验

14.5.1 施工机具和安全工器具应定期检查、维护、保养。施工机具的转动和传动部分应保持润滑。

14.5.2 绝缘工具在储存、运输时不应与酸、碱、油类和化学药品接触，并防止阳光直射或雨淋。

14.5.3 安全工器具使用前，应进行外观检查，检查内容包括：绝缘部分有无裂纹、老化、绝缘层脱落、严重伤痕，固定联结部分有无松动、锈蚀、断裂等。绝缘部分的外观有问题时，应进行绝缘试验，使用前应试验合格。

14.5.4 安全工器具应经过国家规定的型式试验、出厂试验和使用中的预防性试验，并做好记录。常用绝缘安全工器具、登高工器具的试验项目、周期和要求应符合附录 F、附录 G 的规定。

14.5.5 下列安全工器具应进行预防性试验：

a）规程要求试验的安全工器具；

b）新购置和自制的安全工器具；

c）检修后或关键零部件已更换的安全工器具；

d）对机械、绝缘性能产生疑问或发现缺陷的安全工器具；

e）存在质量问题的同批次安全工器具。

附　录　A
（资料性）
现场勘察记录格式

现场勘察记录格式见表A.1。

表A.1　现场勘察记录

勘察单位：__________　部门（或班组）：__________　编号：__________

勘察负责人：________　勘察人员：____________________

勘察的线路名称或设备双重名称（多回应注明双重称号及方位）：

____

工作任务［工作地点（地段）和工作内容］：____________________

____

现场勘察内容：

（1）工作地点需要停电的范围：
（2）保留的带电部位：
（3）作业现场的条件、环境及其他危险点［应注明：交叉、邻近（同杆、并行）电力线路，多电源、自发电、有无可能反送电的设备和分支线等情况，地下管网沟道及其他影响施工作业的设施情况］：
（4）应采取的安全措施（应注明：接地线、绝缘遮蔽、断开点加锁、派人看守、悬挂标示牌等）：
（5）附图与说明：

记录人：__________　　　　勘察日期：____年____月____日____时

附　录　B
（资料性）
电气第一种工作票格式

表 B.1 给出了电气第一种工作票格式。

表 B.1　电气第一种工作票

<table>
<tr><td>单位</td><td colspan="2"></td><td>编号</td><td></td></tr>
<tr><td colspan="2">工作负责人
（监护人）</td><td></td><td>班组</td><td></td></tr>
<tr><td colspan="5">工作班成员（不包括工作负责人）：
共　　人</td></tr>
<tr><td colspan="5">工作的线路或设备名称：</td></tr>
<tr><td rowspan="5">工作任务</td><td colspan="2">工作地点或地段（注明分、支线路名称、线路的起止杆号）</td><td colspan="2">工作内容</td></tr>
<tr><td colspan="2"></td><td colspan="2"></td></tr>
<tr><td colspan="2"></td><td colspan="2"></td></tr>
<tr><td colspan="2"></td><td colspan="2"></td></tr>
<tr><td colspan="2"></td><td colspan="2"></td></tr>
<tr><td colspan="5">计划工作时间：自　年　月　日　时　分至　年　月　日　时　分</td></tr>
<tr><td rowspan="3">安全措施（必要时可附页绘图说明）</td><td colspan="4">应改为检修状态的线路名称和应拉开的断路器（开关）、刀开关、熔断器（包括分支线和配合停电线路）：</td></tr>
<tr><td colspan="4">保留或邻近的带电线路、设备：</td></tr>
<tr><td colspan="4">其他安全措施和注意事项：</td></tr>
</table>

表 B.1（续）

<table>
<tr><td>单位</td><td colspan="2"></td><td>编号</td><td></td></tr>
<tr><td rowspan="7">安全措施（必要时可附页绘图说明）</td><td colspan="4">应挂的接地线</td></tr>
<tr><td>线路名称及杆号</td><td>接地线编号</td><td>装设时间</td><td>拆除时间</td></tr>
<tr><td></td><td></td><td></td><td></td></tr>
<tr><td></td><td></td><td></td><td></td></tr>
<tr><td></td><td></td><td></td><td></td></tr>
<tr><td></td><td></td><td></td><td></td></tr>
<tr><td colspan="4">工作票签发人签名：　　签发日期：　年　月　日　时　分
工作负责人签名：　　年　月　日　时　分
收到工作票</td></tr>
<tr><td rowspan="4">确认本人负责的安全措施已完成，许可开始下一步工作</td><td>许可方式</td><td>许可人</td><td>工作负责人签名</td><td>许可工作的时间</td></tr>
<tr><td></td><td></td><td></td><td>年　月　日　时　分</td></tr>
<tr><td></td><td></td><td></td><td>年　月　日　时　分</td></tr>
<tr><td></td><td></td><td></td><td>年　月　日　时　分</td></tr>
<tr><td colspan="5">确认工作负责人布置的工作任务和安全措施。
工作班组人员签名：</td></tr>
<tr><td colspan="5">工作票所列安全措施已全部完成，下令开始检修工作。
工作开始时间：　年　月　日　时　分　　工作负责人签名：</td></tr>
<tr><td colspan="5">工作负责人变动情况：原工作负责人　　离去，变更　　为工作负责人。
工作票签发人签名：　　日期：　年　月　日　时　分</td></tr>
<tr><td colspan="5">工作人员变动情况（变动人员姓名、日期及时间）：
工作负责人签名：</td></tr>
<tr><td colspan="5">工作票延期：有效期延长到　　年　月　日　时　分
工作负责人签名：　　日期：　年　月　日　时　分
工作许可人签名：　　日期：　年　月　日　时　分</td></tr>
</table>

表 B.1（续）

<table>
<tr><td colspan="2">单位</td><td></td><td>编号</td><td></td></tr>
<tr><td rowspan="6">工作票终结</td><td colspan="4">现场所挂的接地线编号　　　　共　组，
已全部拆除、带回。</td></tr>
<tr><td colspan="4">工作终结报告</td></tr>
<tr><td>终结报告的方式</td><td>许可人</td><td>工作负责人
签名</td><td>终结报告时间</td></tr>
<tr><td></td><td></td><td></td><td>年　月　日　时　分</td></tr>
<tr><td></td><td></td><td></td><td>年　月　日　时　分</td></tr>
<tr><td></td><td></td><td></td><td>年　月　日　时　分</td></tr>
<tr><td colspan="5">备注：
（1）指定专责监护人　　　　负责监护　　　　（人员、地点及具体工作）。
（2）其他事项：</td></tr>
</table>

附　录　C
（资料性）
电气第二种工作票格式

电气第二种工作票格式见表C.1。

表C.1　电气第二种工作票

<table>
<tr><td>单位</td><td></td><td>编号</td><td></td></tr>
<tr><td>工作负责人（监护人）</td><td></td><td>班组</td><td></td></tr>
<tr><td colspan="4">工作班成员（不包括工作负责人）：

共　　人</td></tr>
<tr><td colspan="4">工作的线路或设备名称：</td></tr>
<tr><td rowspan="6">工作任务</td><td>线路或设备名称</td><td>工作地点、范围</td><td>工作内容</td></tr>
<tr><td></td><td></td><td></td></tr>
<tr><td></td><td></td><td></td></tr>
<tr><td></td><td></td><td></td></tr>
<tr><td></td><td></td><td></td></tr>
<tr><td></td><td></td><td></td></tr>
<tr><td colspan="4">计划工作时间：自　年　月　日　时　分　至　年　月　日　时　分</td></tr>
<tr><td colspan="4">注意事项（安全措施）：

工作票签发人签名：　　　　日期：　年　月　日　时　分
工作负责人签名：　　　　日期：　年　月　日　时　分</td></tr>
<tr><td colspan="4">确认工作负责人布置的工作任务和安全措施。
工作班组人员签名：</td></tr>
</table>

表 C.1（续）

单位		编号	
工作票所列安全措施已全部完成，下令开始检修工作。 工作开始时间：　　年　　月　　日　　时　　分　　　　　工作负责人签名：			
工作完工时间：　　年　　月　　日　　时　　分　　　　　工作负责人签名：			
工作票延期：有效期延长到　　　　年　　月　　日　　时　　分 工作负责人签名：　　　　　　　　日期：　　年　　月　　日　　时　　分 工作许可人签名：　　　　　　　　日期：　　年　　月　　日　　时　　分			
备注：			

附　录　D
（资料性）
电气工作任务单格式

电气工作任务单格式见表D.1。

表D.1　电气工作任务单

<table>
<tr><td>单位</td><td colspan="2"></td><td>工作票号</td><td colspan="2"></td><td>编号</td><td></td></tr>
<tr><td>工作负责人</td><td colspan="2"></td><td>小组负责人</td><td></td><td>小组名称</td><td colspan="2"></td></tr>
<tr><td colspan="8">小组成员（不包括小组负责人）：

共　　人</td></tr>
<tr><td colspan="8">工作的线路或设备名称：</td></tr>
<tr><td rowspan="3">工作任务</td><td colspan="2">线路或设备名称</td><td colspan="2">工作地点、范围</td><td colspan="3">工作内容</td></tr>
<tr><td colspan="2"></td><td colspan="2"></td><td colspan="3"></td></tr>
<tr><td colspan="2"></td><td colspan="2"></td><td colspan="3"></td></tr>
<tr><td colspan="8">计划工作时间：自　年　月　日　时　分 至　年　月　日　时　分</td></tr>
<tr><td colspan="8">安全措施：

工作任务单签发人签名：　日期：　年　月　日　时　分
小组负责人签名：　日期：　年　月　日　时　分</td></tr>
<tr><td rowspan="2">确认本人负责的安全措施已完成，许可开始下一步工作</td><td colspan="2">许可方式</td><td>许可人</td><td>小组负责人签名</td><td colspan="3">许可工作的时间</td></tr>
<tr><td colspan="2"></td><td></td><td></td><td colspan="3">年　月　日　时　分</td></tr>
<tr><td colspan="8">确认小组负责人布置的工作任务和安全措施。
小组人员签名：</td></tr>
<tr><td colspan="8">工作任务单所列安全措施已全部完成，下令开始检修工作。
工作开始时间：　年　月　日　时　分　小组负责人签名：</td></tr>
</table>

表 D.1（续）

<table>
<tr><td>单位</td><td colspan="2"></td><td>工作票号</td><td colspan="2"></td><td>编号</td><td></td></tr>
<tr><td rowspan="4">工
作
终
结</td><td colspan="7">小组工作已于　　年　　月　　日　　时　　分结束，现场临时安全措施已拆除，材料、工具已清理完毕，小组人员已全部撤离。</td></tr>
<tr><td colspan="7">工作终结报告</td></tr>
<tr><td>终结报告方式</td><td colspan="2">许可人</td><td>小组负责人
签名</td><td colspan="3">终结报告时间</td></tr>
<tr><td></td><td colspan="2"></td><td></td><td colspan="3">年　　月　　日　　时　　分</td></tr>
<tr><td colspan="8">备注：</td></tr>
</table>

附　录　E
（资料性）
低压电气操作票格式

表E.1给出了低压电气操作票格式。

表E.1　低压电气操作票

<table>
<tr><td>单位</td><td colspan="3"></td><td>编号</td><td colspan="2"></td></tr>
<tr><td>发令人</td><td></td><td>受令人</td><td></td><td>发令时间</td><td colspan="2">年　月　日　时　分</td></tr>
<tr><td colspan="4">操作开始时间：
年　月　日　时　分</td><td colspan="3">操作结束时间：
年　月　日　时　分</td></tr>
<tr><td colspan="4">（　）监护操作</td><td colspan="3">（　）单人操作</td></tr>
<tr><td colspan="7">操作任务：</td></tr>
<tr><td>顺序</td><td colspan="5">操作项目</td><td>√</td></tr>
<tr><td></td><td colspan="5"></td><td></td></tr>
<tr><td></td><td colspan="5"></td><td></td></tr>
<tr><td></td><td colspan="5"></td><td></td></tr>
<tr><td></td><td colspan="5"></td><td></td></tr>
<tr><td></td><td colspan="5"></td><td></td></tr>
<tr><td></td><td colspan="5"></td><td></td></tr>
<tr><td></td><td colspan="5"></td><td></td></tr>
<tr><td></td><td colspan="5"></td><td></td></tr>
<tr><td colspan="7">备注：</td></tr>
<tr><td colspan="2">操作人：</td><td colspan="3">监护人：</td><td colspan="2">值班负责人：</td></tr>
</table>

附 录 F
（规范性）
常用绝缘安全工器具试验项目、周期和要求

表 F.1 给出了常用绝缘安全工器具试验项目、周期和要求。

表 F.1 常用绝缘安全工器具试验项目、周期和要求

序号	名称	电压等级	测试周期	要求
1	绝缘棒	低压	1 年	工频耐压 2.5 kV，持续时间 1 min
2	绝缘手套	低压	6 个月	工频耐压 2.5 kV，持续时间 1 min，泄漏电流不应大于 2.5 mA
3	绝缘胶垫	低压	1 年	工频耐压 3.5 kV，持续时间 1 min
4	验电器	低压	1 年	绝缘杆经 2.5 kV 绝缘电阻试验，不应低于 2 MΩ
				启动电压为额定电压的 10%～25%
5	测电笔	低压	1 年	起辉电压为 50 V～90 V
6	接地线	低压	5 年	绝缘杆经 2.5 kV 绝缘电阻试验，不应低于 2 MΩ
				成组直流电阻试验：截面面积为 16 mm^2、25 mm^2、35 mm^2 的，平均每米的电阻值应分别小于 1.24 MΩ、0.79 MΩ、0.56 MΩ
安全工器具的试验方法参照 DL/T 1476 的相关内容。				